# 工业润滑油一点通

沈 凌 武玉玲 杨 操 史莹飞 石俊峰 ◎ 编著

GONGYE
RUNHUAYOU
YIDIAN



中国石化出版社

## 内容提要

《工业润滑油一点通》以问答的形式，对液压油、工业齿轮油、涡轮机油、压缩机油、冷冻机油、电气绝缘油、有机热载体、轴承润滑油以及工业润滑脂等相关基础知识进行了介绍，不仅详细阐述了每类油品的分类、作用、性能特点，还重点介绍了近年来的国内外最新规格发展，油品的选用原则、注意事项及最新换油原则或标准。

本书对工业设备管理人员及润滑油采购人员系统了解掌握相关油品知识、正确选油和使用维护有很强的实用价值，对从事润滑油研究开发和市场开发技术服务人员也有一定参考价值。

**图书在版编目（CIP）数据**

工业润滑油一点通 / 沈凌等编著 . -- 北京：中国石化出版社，2022.11

ISBN 978-7-5114-6848-2

Ⅰ. ①工… Ⅱ. ①沈… Ⅲ. ①润滑油－问题解答 Ⅳ. ①TE626.3-44

中国版本图书馆 CIP 数据核字（2022）第 190190 号



**中国石化出版社出版发行**

地址：北京市东城区安定门外大街58号

邮编：100011　电话：（010）57512500

发行部电话：（010）57512575

http：//www. sinopec-press. com

E-mail：press@ sinopec. com

北京艾普海德印刷有限公司印刷

全国各地新华书店经销

*

710×1000 毫米　16 开本　12.5 印张　233 千字

2023 年 1 月第 1 版　2023 年 1 月第 1 次印刷

定价：48.00 元

# 前言

PREFACE

随着我国经济建设多年持续高速发展，我国已成为全球制造业大国和强国，在轨道交通、工程机械、电力、钢铁、矿山、煤炭等行业高端技术装备应用不断增多，设备机械化、自动化、智能化水平不断提高。“十四五”期间，制造强国战略将进一步深化，机械行业轻量化技术、动力系统节能减排技术、传动及液压系统高效与节能技术等绿色发展，对工业润滑油脂的综合性能提出了更高需求。近年来，国内外工业润滑油产品规格标准也随之加快了更新换代步伐，合成型、可生物降解型油品标准不断完善。提高机械设备运行效率、降低磨损、节能环保、延长换油周期、减少机械设备全生命周期维护成本等毫无疑问地成为工业润滑油的发展方向。

工业润滑油应用范围广，品种繁多。工业润滑油作为“流淌在制造业中的血液”为中国制造的各类装备提供了润滑无声、保障无形的支撑并发挥着巨大的作用。龙蟠科技秉承“责任、创新、挑战、卓越”核心价值理念，多年来栉风沐雨、砥砺前行，凭借在润滑油行业多年研发生产和用户服务实践经验，本着提升设备用油水平的责任感，结合工业润滑油最新发展需求，在前期出版的《润滑一点通》(以车用油为主)的基础上又编撰了《工业润滑油一点通》这本书，是传承也是发展完善。

《工业润滑油一点通》对工业润滑油主要品种性能特点、规格标准以及选油用油原则进行了详细的总结和阐述，结构清晰、通俗易懂、内容尽新。

“黄倒积云承露重，青翻长浪簸风轻”，书薄意远、润泽无限，希望本书能对广大工业设备管理维护人员和润滑油研发生产、市场开发及技术服务人员有所助益。

龙蟠科技研究院

2022.10.10

# 目录

CONTENTS

## 第1章　工业润滑油脂通用基础知识



## 第2章　液压油基础知识

## 第3章　工业齿轮油基础知识

## 第4章　涡轮机油基础知识

## 第5章　压缩机油基础知识

## 第6章　冷冻机油基础知识

## 第7章　电气绝缘油基础知识



## 第8章　有机热载体基础知识

## 第9章　轴承润滑油基础知识

## 第10章　工业用润滑脂基础知识

# 第1章 工业润滑油脂通用基础知识

## 1 工业润滑油脂的组成和作用是什么?

润滑油一般由基础油和添加剂两部分组成。基础油是润滑油的主要成分，决定着润滑油的基本性质，不同类型的基础油对成品润滑油的影响规律不同。添加剂则可弥补和改善基础油性能方面的不足，赋予某些新的性能，是润滑油的重要组成部分。

润滑脂是将稠化剂分散于基础油（液体润滑剂）中所组成的一种稳定的固体或半固体产品。为了满足苛刻条件的使用要求，润滑脂中也常添加功能性添加剂，以改善其使用性能。

润滑油脂种类繁多，作为“工业设备的血液”在机械设备中最基本的作用是润滑，根据设备的不同特点还兼有冷却、防腐、密封、传热、清洗、传递动力等作用。

工业润滑油脂广泛用于冶金机械、工程机械、农业机械、矿山机械、机床、电力、铁路、船舶以及航空、宇宙航行等各行业及尖端技术领域。

## 2 工业润滑油脂黏度是如何分类的?

我国等效采用国际标准ISO 3448—1992《工业液体润滑剂—ISO黏度分类》制定了GB/T 3141—1994《工业液体润滑剂ISO黏度分类》标准。该标准分类规定了40℃时黏度从2～3200mm$^2$/s范围内分成20个黏度等级。每个黏度等级是用最接近于40℃时中间点运动黏度的mm$^2$/s正数值来表示，每个黏度等级的运动黏度范围允许为中间点运动黏度的±10%。20个黏度等级和每个等级的合适的上下限见表1.1。

表1.1　工业液体润滑剂ISO 黏度分类

| ISO 黏度等级 | 中间点运动黏度（40℃）/（mm$^2$/s） | 运动黏度范围（40℃）/（mm$^2$/s） | |
|---|---|---|---|
| | | 最小 | 最大 |
| 2 | 2.2 | 1.98 | 2.42 |
| 3 | 3.2 | 2.88 | 3.52 |
| 5 | 4.6 | 4.14 | 5.06 |
| 7 | 6.8 | 6.12 | 7.48 |
| 10 | 10 | 9.00 | 11.0 |
| 15 | 15 | 13.5 | 16.5 |
| 22 | 22 | 19.8 | 24.2 |
| 32 | 32 | 28.8 | 35.2 |
| 46 | 46 | 41.4 | 50.6 |
| 68 | 68 | 61.2 | 74.8 |
| 100 | 100 | 90.0 | 110 |
| 150 | 150 | 135 | 165 |
| 220 | 220 | 198 | 242 |

续表

| ISO<br>黏度等级 | 中间点运动黏度（40℃）/（$mm^2/s$） | 运动黏度范围（40℃）/（$mm^2/s$） | |
|---|---|---|---|
| | | 最小 | 最大 |
| 320 | 320 | 288 | 352 |
| 460 | 460 | 414 | 506 |
| 680 | 680 | 612 | 748 |
| 1000 | 1000 | 900 | 1100 |
| 1500 | 1500 | 1350 | 1650 |
| 2200 | 2200 | 1980 | 2420 |
| 3200 | 3200 | 2880 | 3520 |

注：对于某些40℃运动黏度等级大于3200的产品，如某些含高聚合物或沥青的润滑剂，可以参照本分类表中的黏度等级设计，只要把运动黏度测定温度由40℃改为100℃，并在黏度等级后加后缀符号“H”即可。如黏度等级为15H，则表示该黏度等级是采用100℃运动黏度确定的，它在100℃时的运动黏度范围应为13.5 ~ 16.5$mm^2/s$。

## 3 工业润滑剂是如何分类的？

我国等同采用ISO 6743-99:2002《润滑剂、工业用油和有关产品（L类）的分类 第99部分：总分组》，根据应用场合划分制定了GB/T 7631.1—2008《润滑剂、工业用油和有关产品（L类）的分类 第1部分：总分组》（见表1.2）。工业润滑油主要包括液压油（H组）、工业齿轮油（C组）、涡轮机油（T组）、压缩机油（D组）、冷冻机油（D组）、电气绝缘油（N组）、有机热载体（Q组）、轴承油（F组）、金属加工油（M组）、防锈油（R组）、全损耗油（A组）、润滑脂（X组）、内燃机油（摩托车，E组）等18大类，我国已分别将其中16类产品制定了详细的分类标准（脱模和蒸气气缸用油除外）。该标准还对润滑脂稠度等级进行了分类，润滑脂稠度等级是按工作锥入度[（60次）/（0.1mm）]进行分类的，具体见表1.3。

GB/T 7631.18—2017标准分类中对大类中未包括的其他应用（Y组）如各种加工工艺用油和校准油等进行了详细规范和命名。

表1.2　润滑剂、工业用油和有关产品（L类）的分类

| 组别 | 应用场合 | 已制定的国家标准 |
|---|---|---|
| A | 全损耗系统 Total loss systems | GB/T 7631.13—2012 |
| B | 脱模 Mould release | — |
| C | 齿轮 Gears | GB/T 7631.7—1995 |
| D | 压缩机（包括冷冻机和真空泵）Compressors（including refrigeration vacuum pumps） | GB/T 7631.9—2014 |
| E | 内燃机油 Internal combustion engine oil | GB/T 7631.17—2014 |

续表

| 组别 | 应用场合 | 已制定的国家标准 |
| --- | --- | --- |
| F | 主轴、轴承和离合器Spindle bearings，bearings and associated clutches | GB/T 7631.4—1989 |
| G | 导轨 Slideways | GB/T 7631.11—2014 |
| H | 液压系统 Hydraulic systems | GB/T 7631.2—2003 |
| M | 金属加工 Metal working | GB/T 7631.5—1989 |
| N | 电器绝缘 Electrical insulation | GB/T 7631.15—1998 |
| P | 气动工具 Pneumatic tools | GB/T 7631.16—1999 |
| Q | 热传动液 Heat transfer fluid | GB/T 7631.12—2014 |
| R | 暂时保护防腐蚀 Temporary protection against corrosion | GB/T 7631.6—1989 |
| T | 汽轮机Turbines | GB/T 7631.10—2013 |
| U | 热处理 Heat treatment | GB/T 7631.14—1998 |
| X | 润滑脂 Grease | GB/T 7631.8—1990 |
| Y | 其他应用 Miscellaneous | GB/T 7631.18-2017 |
| Z | 蒸气气缸 Cylinders of steam machines | — |

表1.3　润滑脂稠度等级

| 稠度等级 | 工作锥入度/［（60次）/（0.1mm）］ |
| --- | --- |
| 000 | 445 ~ 475 |
| 00 | 400 ~ 430 |
| 0 | 355 ~ 385 |
| 1 | 310 ~ 340 |
| 2 | 265 ~ 295 |
| 3 | 220 ~ 250 |
| 4 | 175 ~ 205 |
| 5 | 130 ~ 160 |
| 6 | 85 ~ 115 |

## 4 润滑油基础油标准有哪些?

（1）润滑油基础油分类标准

美国石油学会（API）将基础油按硫含量、饱和烃含量和黏度指数三项指标进行分类（见表1.4），体现了基础油原材料及生产工艺的不同。Ⅰ类基础油为采用传统的溶剂精制工艺生产的基础油；Ⅱ类或Ⅲ类油为采用现代加氢工艺生产的基础油；Ⅳ类基础油主要是聚α-烯烃（PAO）；Ⅴ类基础油是除上述四类以外基础油的总称，主要包括合成酯、聚醚、烷基苯、甲基硅油等合成基础油。

表1.4　美国石油学会（API）基础油分类

| 分类 | 硫含量/% | 饱和烃含量/% | 黏度指数 |
|---|---|---|---|
| Ⅰ | ＞0.03 | ＜90 | 80~120 |
| Ⅱ | ≤0.03 | ≥90 | 80~120 |
| Ⅲ | ≤0.03 | ≥90 | ＞120 |
| Ⅳ | 聚α-烯烃（PAO） | | |
| Ⅴ | Ⅰ~Ⅳ类以外的其他基础油 | | |

国内有代表性的基础油分类标准为Q/SY 44—2009《通用润滑油基础油》，见表1.5。

表1.5　Q/SY 44—2009《通用润滑油基础油》

| 项 目 | Ⅰ | | Ⅱ | | Ⅲ |
|---|---|---|---|---|---|
| | MVI | HVI<br>HVIS<br>HVIW | HVIH | HVIP | VHVI |
| 饱和烃含量/% | ＜90 | ＜90 | ≥90 | ≥90 | ≥90 |
| 硫含量/（μg/g） | 和/或≥300 | 和/或≥300 | ＜300 | ＜300 | ＜300 |
| 黏度指数 | 80≤Ⅵ＜95 | 95≤Ⅵ＜120 | 90≤Ⅵ＜110 | 110≤Ⅵ＜120 | ≥120 |

（2）润滑油基础油标准

润滑油基础油产品标准尚无统一的国际、国家及行业标准，中国石油针对APIⅠ类、Ⅱ类和Ⅲ类基础油制定了基础油企业标准Q/SY 44—2009《通用润滑油基础油》标准，针对环烷基电气绝缘油、冷冻机油和橡胶油基础油制定了Q/SY 58—2015《专用润滑油基础油》标准，已得到广泛应用。另外，中国石化修订后新的《润滑油基础油协议标准》于2013年实施。

## 5 合成型润滑油基础油有哪些？各自性能特点是什么？

合成型润滑油基础油主要有属于API Ⅳ类的聚α-烯烃（PAO）和属于API Ⅴ类的合成酯、聚醚、聚苯醚、烷基萘、烷基苯、甲基硅油等。

（1）聚α-烯烃（PAO）

聚α-烯烃是一类饱和的烯烃低聚物，由α-烯烃（主要是$C_8$~$C_{10}$）在催化剂作用下低聚（主要是三聚体、四聚体和五聚体），而获得的一类比较规则的烷烃。由于聚α-烯烃是采用有机合成方法制备的，具有特定的化学结构，与同黏度矿物油相比，具有优异的黏温性能和高低温性能，良好的热稳定性、水解安定性及氧化安定性，不含环烃和芳烃，可生物降解性，无毒性，是优异的环保型基础油。但由于多环芳烃和杂原子含量低、极性小，导致对添加剂的溶解性较差、长期贮存后会出现沉淀，所以PAO通常与其他类基础油，如I类油或酯类油混兑使用。聚α-烯烃因其优良的性能，具有极其广泛的用途，几乎遍及工业用润滑油的全部领域。

（2）合成酯（POE）

合成酯是由有机酸与醇在催化剂作用下通过酯化脱水反应得到。在酯类油的合成中，酯化反应、原料选择和粗酯精制都很关键，不同类型的酯类油合成所需的催化剂、原料比、温度及携水剂等都不同。合成酯的原料包括酸和醇两大类。常用的一元醇主要是异构伯醇，如异辛醇、高碳醇等；常用的二元酸有癸二酸、壬二酸、己二酸、邻苯二甲酸和二聚油酸等，常用的二元醇有新戊基二元醇、低聚合度聚乙二醇等；多元醇酯是用多元醇与一种或多种直链的一元酸进行酯化而制成的，90%以上的多元醇酯都是用三羟甲基丙烷（TMP）、季戊四醇（PE）、双季戊四醇（di-PE）制成。

根据反应产物的酯基含量，合成酯类油分为双酯、多元醇酯和复酯。双酯是以二元酸与一元醇或二元醇与一元酸反应的产物。多元醇酯是分子中含有两个以上羟基的多元醇与直链脂肪酸反应的产物。常用的多元醇酯如三羟甲基丙烷酯、季戊四醇酯和新戊基多元醇酯。复酯是由二元酸和二元醇（或聚二醇）、一元酸或一元醇酯化而得。即先使二元醇与二元酸酯化，然后根据二元醇与二元酸的摩尔比的不同（中间产物的端基是OH还是COOH），再与一元酸或一元醇酯化而制成的高黏度的基础油。由于其相对分子质量大，通常黏度很高。

用于润滑剂的合成酯类油通常可分为双酯、芳香酯（苯二甲酸酯和偏苯三酸酯）、多元醇酯及复合酯。由于羧酸基具有较强的偶极矩，分子间具有较强的内聚力。同时，空间位阻效应使得酯类油具有良好的热安定性和水解安定性，因而，酯类油具有较低的挥发性和较高的闪点、良好的热稳定性、对添加剂的溶解能力强且生物降解性能好。酯类油的极压抗磨性能约为矿物油的2倍，可提高润滑剂的润滑能力，与PAO复合使用可改善润滑剂的橡胶相容性和添加剂的溶解能力。其缺点是水解安定性差、铜铅腐蚀较大。合成酯类油广泛用于齿轮、压缩机、冷冻机等工业用油和发动机油中。

（3）聚醚（PAG）

聚醚是主要以环氧乙烷（EO）、环氧丙烷（PO）、四氢呋喃（THF）等为原料，开环均聚或共聚的线型聚合物。环氧丙烷均聚物以及环氧乙烷的无规共聚物，是聚醚润滑剂的理想基础材料，用于生产油溶性聚醚。

聚醚具有润滑性能好、闪点和黏度指数高、挥发性和倾点低、同水和其他组分混合时不会燃烧等优点。聚醚对抗氧剂有良好的感受性，能在高温下使用，所生成的氧化产物或完全溶解在所剩的液体中或完全挥发，在设备中沉积物很少，清洁性好。聚醚毒性低或无毒性，可用于食品机械，低黏度PAG可生物降解。选择不同的共聚单体可以得到满足不同使用要求的产品。聚醚可用作高温润滑油、齿轮油、压缩机油、抗燃液压油、制动液、冷冻机油、金属加工液及特种润滑脂基础油，是应用较广、产量较大的合成润滑油。

润滑油用聚醚主要有全聚醚、改性聚醚（引入酯基或硅氧烷基的聚醚）和聚醚混兑油（聚醚/酯类油、聚醚/硅油）等。在全聚醚油方面：$C_2$～$C_4$环氧烷开环聚合得到的聚二醇高温齿轮油，在高温下有很好的氧化稳定性和抗磨性，聚二醇单醚、聚二醇双醚和聚二醇甘油醚与制冷剂R134a相容性好，可用作汽车空调冷冻机油；在改性聚醚方面：将酯基引入聚二醇分子中，就可以得到抗磨、抗腐、高温抗氧化性能更加优良的聚二醇酯齿轮油；在聚醚混兑油方面：聚醚（≤50%）与聚α-烯烃、双酯、多元醇酯、聚丁烯等混兑，可用作各种机械的液压液、齿轮油、压缩机油、轴承油。

调整聚醚分子中环氧烷比例可得到不同溶解度的聚醚。环氧乙烷的比例越高，在水中溶解度就越大。随相对分子质量降低和末端羟基比例的升高，水溶性增强。环氧乙烷、环氧丙烷共聚醚的水溶性随温度的升高而降低。当温度升高到一定程度时，聚醚析出，此性能称为逆溶性，生成浓缩PAG和润滑油添加剂的薄层，在金属表面形成有效润滑保护膜，具有良好的润滑性和冷却性能，广泛用于配制合成、半合成金属加工液。特别设计的水溶性聚醚具有卓越的负荷承载性能，即使在没有极压抗磨剂下，仍具有很高的极压减磨性能，减少或避免由于表面疲劳而在齿面上形成的微点蚀。

（4）聚苯醚

聚苯醚是苯酚与卤化芳烃的反应产物。热分解温度高达465℃而且耐辐射，适用于高温、强辐射的液压系统。

烷基二苯醚合成基础油是二苯醚与α-烯烃烷基化的产物，可广泛用于调配各种润滑脂。具有优异的氧化安定性和热稳定性能，优异的清净性，高闪点，低蒸发损失，良好的水解稳定性能。

（5）烷基萘（AN）

烷基萘作为润滑油基础调和油料具有优异的水解稳定性和热氧化安定性、优异的添加剂溶解性，与多种弹性橡胶体密封材料兼容，破乳化性优秀，适合于调制高黏度指数液压油、工业齿轮油和车用齿轮油、发动机油和传动油等其他高品质润滑油。

（6）烷基苯（AB）

烷基苯是烯烃与过量苯在特定催化剂作用下的产物，具有添加剂溶解能力强、高温抗氧化性能好、凝固点低、蒸发损失小、水解安定性和抗磨性能好、橡胶相容性优良，可用于热传导油、低温液压油、低温润滑脂等，尤其适用于变压器油和冷冻机油。

（7）甲基硅油

甲基硅油是由石英和甲醇（或二氯甲烷）合成制得，无色、无味、不易挥发，不溶于水，具有很小的蒸气压，较高的闪点和燃点，黏温性能及化学稳定性能好，具有卓越的耐热性、电绝缘性、耐候性、疏水性、生理惰性和较小的表面张力，还具有低的黏温系数，较高的抗压缩性。含高苯基取代基的甲基硅油适用于高温、强辐射的环境。

甲基硅油可用作变压器、电容器和磁控电子管的介电液和冷却液，也用作非水体系抗泡剂，还用于液压油、减震油、有机热载体。适用于塑料、橡胶等零部件的润滑、密封和阻尼系统及工况苛刻的高低温领域。

长链烷基芳基硅油是经过长链烷基和芳基特殊改性的聚硅氧烷，具有优异的耐热性和可喷涂性，可用作模具的脱模剂、涂料添加剂。

苯甲基硅油黏度可按需调整，表面张力低（20~21），脱模性好，低倾点和超高的耐温性能，闪点高，膨胀系数小，优异的电气性能。可用作化纤喷丝的剥离剂基础油，橡塑添加剂改性剂，耐高温低温脂基础油，以及高级压铸脱模剂的高温辅助油等。

（8）氟硅油

氟硅油是由大分子含氢硅油和含氟烯烃在催化剂下聚合而成。氟硅油除具甲基硅油的基本特性外，还具有优异的耐油性、耐溶剂性和化学稳定性，在极压条件下具有良好的润滑性能，可作为润滑剂、消泡剂、表面处理剂、脱模剂和添加剂，广泛应用于化妆品、石油、皮革、纸张和药品等行业。开放式系统可在-40~240℃范围内使用。

三氟丙基硅润滑油作为润滑剂：①用于处理化学反应气体的真空泵润滑油；②可用于极低温极高温环境下轴承的润滑；③对燃料等化学品具有化学惰性，用于蒸气动力循环系统；④用于增稠润滑脂基础油；⑤钟表行业和微机械行业的润滑脂基础油。

## 6 在什么情况下需要选用合成油脂?

众所周知，合成油具有优异的性能表现，但是合成油的价格也比矿物油高几倍甚至几百倍，那么，在什么情况下需要选用合成油脂呢?

（1）特殊高温或低温的情况　矿物油的使用温度一般在−20～120℃，当设备启动、运行温度超过这个范围时，只有合成油才能够胜任，如北方严寒区设备、低温液体输送装置、航空航天设备、钢铁石化等高温运转设备等，一般来讲选择合适的合成油，低温达到−70℃，高温在200℃以上的仍可使用。

（2）接触特殊介质的情况　机械设备运转时，如果会接触到一些特殊介质，则必须使用与介质具有良好相容性的合成油脂，如特种气体压缩机油，冷冻机油，特种气体、液体输送管道、容器的螺纹丝扣，阀门的密封用脂等；

（3）需要长寿命或长润滑周期要求的情况　设备润滑失效的重要原因之一为润滑油脂氧化变质，采用高氧化安定性的合成润滑油脂可以大幅延长油脂的使用寿命，甚至可以达到全寿命润滑。

合成油脂也不是全能的。合成润滑油脂的基础油种类很多，不同类型基础油因其化学结构的不同，在具体的物理化学性能上也表现有很大的差异，这种差异既赋予了其特定的优异性能，也不可避免地具有其特定的缺点，如酯类油、聚醚类油对多种有机材料具有侵蚀作用，硅油本身较差的润滑性注定其不适合高负荷的工况条件，含氟油因其原料昂贵、工艺复杂而价格过高，当然对于一些特殊设备以及润滑要求苛刻的设备，必须选用合成油。

## 7 合成润滑油选用时应注意哪些问题?

设备润滑不存在绝对的最优方案，选择何种类型的润滑油要考虑的因素包括：

（1）设备运转工况条件　温度、速度、负荷、接触介质、环境等；

（2）设备润滑方式　全寿命、定期检修换油、集中润滑；

（3）润滑管理模式　在对综合成本进行测算的前提下，尽量简化油品品种采用以高代低、冬夏通用的原则，减少库存，同时也可以降低油品错用的概率；

（4）油品相容性　当设备换用其他厂家、牌号的油品时，如果不能保证在换油前彻底清洗设备，则应该向油品供应商咨询在用油品与替代油品的相容性。如果可能的话，最好先进行油品的相容性考察再确定换油方案；

（5）材料适应性　由于其特殊的化学结构，不同类型的合成油其材料适应性有很大的差别，在应用合成油为基础油的润滑油脂时，必须注意其与所接触的有机材料的相容性问题。表1.6可以作为油品选用的一般参照，真正应用时客户必须与生产商进行讨论，甚至通过试验来确定。

表1.6　油品选用参考

| 基础油类型　有机材料 | 合成烃 | 酯类油/醚类油 | 硅油 | 氟醚 |
|---|---|---|---|---|
| 塑料类 | | | | |
| 乙缩醛树脂 | A | A | A | A |
| 聚酰胺树脂 | A | A | A | A |
| 酚醛树脂 | A | A | A | A |
| 对苯二甲酸酯树脂 | A | A | A | A |
| 聚碳酸树脂 | A | C | A | A |
| ABS树脂 | A | C | A | A |
| 聚苯醚树脂 | A | C | A | A |
| 聚砜树脂 | A | C | A | A |
| 聚乙烯树脂 | B | B | A | A |
| 橡胶类 | | | | |
| 天然胶 | C | C | A | A |
| 丁苯胶 | C | C | A | A |
| 丁基合成橡胶 | C | C | A | A |
| 乙丙胶 | C | B | A | A |
| 丁腈胶 | A | B | A | A |
| 氯丁橡胶 | A | C | A | A |
| 硅橡胶 | B | B | C | A |
| 氟橡胶 | A | C | A | A |

注：A=通常没问题；B=慎重应用；C=会有问题。

## 8 工业润滑油主要性能评定有哪些？

理化性能评定包括：外观、运动黏度、黏度指数、闪点、倾点、酸值、碱值、燃点、苯胺点、絮凝点、灰分、元素分析、馏程等；

使用性能评定包括：氧化安定性、热稳定性、化学稳定性、极压抗磨性、铜片腐蚀、液相锈蚀、抗乳化性、抗泡沫性、空气释放性、剪切安定性、水解安定性、密封材料适应性（橡胶相容性）、特性台架试验等；

特殊性能评定包括：击穿电压、介质损耗因数、苯胺点、界面张力、析气性、带电倾向、与冷媒相容性等；

油品污染分析评定方面：水分、机械杂质和不溶物、颗粒污染度、过滤性等。

## 9 颗粒污染度等级是如何划分的？有哪些标准？有何对应关系？

随着现代工业设备向自动化、小型化和精密化发展，液压油、汽轮机油、轴承油、变压器油等多种工业用油对油品清洁度要求越来越苛刻，颗粒污染度对设备的可靠运转及寿命都有非常重要的影响。

（1）颗粒污染度的测定方法

颗粒污染度的测定方法很多，但常用的方法主要有重量分析法（ISO 4405）、滤膜阻塞法（ISO 21018-3）、遮光法（ISO 11500）、光散射法（ISO 22412）和光学显微镜法（ISO 4407）。

滤膜阻塞法（ISO 21018-3）的测定原理是：当油液通过滤膜时，油液中的颗粒污染物被滤膜收集，使滤膜逐渐阻塞，如果滤膜两端的压差一定，则油液通过滤膜的流量随着滤膜堵塞的增大而减小，如果通过滤膜的流量一定，则滤膜两端的压差逐渐增大，通过检测流量和压差等参数就可以测定油液的颗粒污染程度。该方法与ISO 4406和NAS 1638颗粒物污染等级划分相关联。

（2）颗粒污染度等级划分标准

国内外液压行业、航空工业、汽车工业及国际标准化组织的共同参与使污染度的标准更加多样化，比较有代表性的有NAS 1638—2011《液压系统中使用零件的清洁度要求》、ISO 4406：2021《液压传动 油液固体颗粒污染等级代号》、ISO 11218：2017《航空航天 液压液的清洁度分类》和SAE AS 4059F—2013《航空航天流体动力 液压油的污染分类》。

NAS 1638是美国航空航天工业联合会（AIA）于1964年1月提出，在美国和世界各国曾得到广泛应用，在我国的各个行业仍被广泛采用，是我国当前普遍使用的ISO 11218、ISO 4406、SAE AS4059等标准的源头。NAS 1638是分段计数的，有5个尺寸段（详见表1.7）。由于实际油液各尺寸段的污染程度不可能相同，因此被测油样的污染度按其中的最高等级来定。这会引起一个问题。例如，测出的5~15μm的污染度可能是4级，15~25μm颗粒的污染度可能是6级，25~50μm可能是5级，而50~100μm颗粒的污染度可能是8级，这时数据就很难处理，往往使得概念不清。如果保守的话，就会按照规定判定为8级，认为系统很脏。而事实上，新的磨损理论表明只有尺寸与部件运动间隙相当的颗粒才会引起严重的磨损，也就是说5~15μm的颗粒危害最大，而50~100μm由于无法进入运动间隙，对磨损的影响却不大。

ISO 4406《液压传动 油液固体颗粒污染等级代号》更新速度很快。目前的ISO 4406：2021版已取代了还未来得及消化的ISO 4406：2017版。新的ISO 4406：2021版颗粒污染等级没有变化（见表1.8）。污染度由三组代码组成：R4μm/R6μm/R14μm，ISO污染度代码为18/16/13时，其含义为1ml的油液中：≥4μm（C）的颗粒数为大于1300~2500个；≥6μm（C）的颗粒数为大于320~6400个；≥14μm（C）的颗粒数为大于40~80个。

SAE AS4059F—2013《航空航天流体动力 液压油的污染分类》可以看作NAS 1638标准的升级版，我国军标、电力行业颗粒度分级标准均已参照此规范。

我国GB/T 14039—2002《液压传动 油液固体颗粒污染等级代号》修改采用ISO 4406：1999。

我国早期军标GJB 420—1987《飞机液压系统用油液固体污染度分级》等效采用美国空军和海军早期常用的污染度等级标准NAS 1638:1984，如今已发展到GJB 420B—2015《航空工作液固体污染度分级》（GJB 420B—2006版参照的是SAE AS 4059D—2001）。

我国电力行业标准DL/T 432—2018《电力用油中颗粒度测定方法》采用遮光法（ISO 11500）测试，污染度等级标准参考SAE AS 4059F—2013标准。

表1.7 NAS 1638—2011：污染度等级标准 单位：100mL中的颗粒数

| 污染度等级 | 颗粒尺寸范围/μm | | | | |
|---|---|---|---|---|---|
| | 5~15 | 15~25 | 25~50 | 50~100 | >100 |
| 00 | 125 | 22 | 4 | 1 | 0 |
| 0 | 250 | 44 | 8 | 2 | 0 |
| 1 | 500 | 89 | 16 | 3 | 1 |
| 2 | 1000 | 178 | 32 | 6 | 1 |
| 3 | 2000 | 356 | 63 | 11 | 2 |
| 4 | 4000 | 712 | 126 | 22 | 4 |
| 5 | 8000 | 1425 | 253 | 45 | 8 |
| 6 | 16000 | 2850 | 506 | 90 | 16 |
| 7 | 32000 | 5700 | 1012 | 180 | 32 |
| 8 | 64000 | 11400 | 2025 | 360 | 64 |

续表

| 污染度等级 | 颗粒尺寸范围/μm | | | | |
|---|---|---|---|---|---|
| | 5~15 | 15~25 | 25~50 | 50~100 | >100 |
| 9 | 128000 | 22800 | 4050 | 720 | 128 |
| 10 | 256000 | 45600 | 8100 | 1440 | 256 |
| 11 | 512000 | 91200 | 16200 | 2880 | 512 |
| 12 | 102400 | 182400 | 32400 | 5760 | 1024 |

### 表1.8 ISO 4406：2021污染度等级标准

| 每毫升颗粒数 | | 颗粒等级 |
|---|---|---|
| 超过 | 少于或等于 | |
| 2500000 | | >28 |
| 1300000 | 2500000 | 28 |
| 640000 | 1300000 | 27 |
| 320000 | 640000 | 26 |
| 160000 | 320000 | 25 |
| 80000 | 160000 | 24 |
| 40000 | 80000 | 23 |
| 20000 | 40000 | 22 |
| 10000 | 20000 | 21 |
| 5000 | 10000 | 20 |
| 2500 | 5000 | 19 |
| 1300 | 2500 | 18 |
| 640 | 1300 | 17 |
| 320 | 640 | 16 |
| 160 | 320 | 15 |
| 80 | 160 | 14 |
| 40 | 80 | 13 |
| 20 | 40 | 12 |
| 10 | 20 | 11 |
| 5 | 10 | 10 |
| 2.5 | 5 | 9 |
| 1.3 | 2.5 | 8 |

续表

| 每毫升颗粒数 | | 颗粒等级 |
| --- | --- | --- |
| 超过 | 少于或等于 | |
| 0.64 | 1.3 | 7 |
| 0.32 | 0.64 | 6 |
| 0.16 | 0.32 | 5 |
| 0.08 | 0.16 | 4 |
| 0.04 | 0.08 | 3 |
| 0.02 | 0.04 | 2 |
| 0.01 | 0.02 | 1 |
| 0.00 | 0.01 | 0 |

（3）颗粒污染度对应关系

由于颗粒污染度标准升级换代很快，表1.9中不同标准颗粒污染等级对应关系仅供参考。

表1.9　不同标准颗粒污染度等级对应关系

| Code to ISO 4406 | Particles per Millilitre (ISO 11171 μm [c]) | | | NAS 1638 | Disavowed SAE level | SAE AS 4059F |
| --- | --- | --- | --- | --- | --- | --- |
| | >4 Microns | >6 Microns | >14 Microns | | | |
| 23/21/18 | 80000 | 20000 | 2500 | 12 | | – |
| 22/20/17 | 40000 | 10000 | 1300 | 11 | | A12/B12/C11 |
| 21/19/16 | 20000 | 5000 | 640 | 10 | | A11/B11/C10 |
| 20/18/15 | 10000 | 2500 | 320 | 9 | 6 | A10/B10/C9 |
| 19/17/14 | 5000 | 1300 | 160 | 8 | 5 | A9/B9/C8 |
| 18/16/13 | 2500 | 640 | 80 | 7 | 4 | A8/B8/C7 |
| 17/15/12 | 1300 | 320 | 40 | 6 | 3 | A7/B7/C6 |
| 16/14/11 | 640 | 160 | 20 | 5 | 2 | A6/B6/C5 |
| 15/13/10 | 320 | 80 | 10 | 4 | 1 | A5/B5/C4 |
| 14/12/09 | 160 | 40 | 5 | 3 | 0 | A4/B4/C3 |
| 13/11/08 | 80 | 20 | 2.50 | 2 | | A3/B3/C2 |
| 12/10/07 | 40 | 10 | 1.30 | 1 | | A2/B2/C1 |

## 10 润滑油的贮存有保质期吗?

润滑油与食品和药品不同，没有严格意义上的贮存保质期。因为润滑油的性能比较稳定，只要贮存得当，一般都不会影响使用。润滑油产品经过长期贮存试验及用户使用验证，在室温密封状态及防尘、防水、防化学烟雾的干燥正常贮存条件下，油品贮存3年以上，有些甚至5年以上，各项指标没有发生变化。所以国家并没有规定润滑油的保质期或有效期。尽管如此，用户还是应该特别注意贮存条件：

①罐装及桶装润滑油的理想贮存空间是室内，小桶包装及已经开启的任何包装的润滑油必须贮存于室内，以免受气候变化的影响。

②露天放置的200L油桶以卧放为宜，每排油桶的两侧用木楔固定，防止其滚动。水对任何润滑油均有不良影响，必须经常检查油桶是否泄漏。若油桶必须直放时，宜将油桶倒置，使放油口向下，或将桶略微倾斜，以免雨水积聚于桶面渗入。

③太低或太高的温度都可能影响润滑油的质量，因此不宜将润滑油长期贮存在过热或过冷的地方。

④当润滑油因贮存不好，油中进入灰尘和水后，可能会出现混浊和沉淀，此时应立即停止使用。

⑤大量存放润滑油的库房也应本着“先进先出”的原则进出货。

## 11 润滑油贮存管理应注意哪些事项?

润滑油贮存中，防止变质和污染是两条最基本的原则。

（1）防变质

润滑油的变质主要是指润滑油添加剂失效和基础油的氧化。润滑油的氧化分解产物，不但会加速润滑油的变质过程，还会生成胶质、沥青质和酸性物质，会严重影响润滑油的使用，还可能会对机械设备造成腐蚀。为达到防变质的目的，在贮存中必须注意以下几个方面：①需要贮存的油品本身和容器要洁净，使油品不接触或少接触促进油品氧化的金属及金属离子。②避免接触使油中添加剂失效的物质，如水、各种有害金属等。对一些添加剂活性较强的油品，应该尽量减少贮存时间。③适当的贮存温度。温度过高，会加速氧化反应过程。④密封的环境，尽量少与空气接触。⑤避免阳光直射。⑥避免污染，尤其是水和金属颗粒的污染，水分和金属颗粒的存在，会大大加快油的氧化，并使添加剂失效。⑦尽量避免长期贮存。

（2）防污染

润滑油在贮存中如果受到污染，不仅会影响到润滑油以后的使用，还可能在贮存过程中加速润滑油的氧化变质。常见的污染有水污染、其他油脂的污染（混油）、机械杂质的污染和其他有害物质的污染。①水污染是油品贮存当中最常见的现象。污染后不仅使油品的含水量超标，还会加速油品氧化、使油品乳化、使添加剂失效，严重影响油品的使用性能。水污染的来源一般是雨水、潮湿的环境和空气中的水汽。②其他油脂的污染。主要出现在散装油品、开过封的桶装油品或取用油品的过程中。做到贮存油品的专罐、专桶、专用用具，贮存油品前做好容器的清洁，就可以有效避免。③各种机械杂质的污染也是油品贮存中经常发生的。油中机械杂质的直接作用就是对机械设备的磨损。由于在使用中，润滑油膜很薄，肉眼看不到的小污染颗粒也会造成很大的机械磨损。而且磨损产生的微小金属磨屑又是油品氧化的催化剂，所以小小的机械杂质污染绝不是可以忽略的问题。越是精密机械用油，防止污染的问题就越显得重要。所以，在贮存润滑油的过程中，管理人员应该杜绝各种的机械杂质污染途径，确保油品不被或少被灰尘等机械杂质污染。④在贮存的过程中，容器本身的氧化产物也可能污染润滑油。

（3）润滑油贮存过程中的一些具体措施建议

对于散装油品：①盛装及贮存润滑油的容器必须干净清洁、密闭，且不与易于促进润滑油氧化变质的金属接触。②运输和贮存变压器油和汽轮机油要求“专罐专线”；其他油品应按内燃机油、液压油、齿轮油三大类产品设置贮运设施。③运输和贮存过程中要特别注意防止混入水分和杂质。④散装润滑油的贮存期一般不要过长。贮存润滑油的油罐要定期清洗，及时排污。⑤油罐或油箱上设空气过滤呼吸器，在加油口设过滤器和防尘帽，在底部设置排污阀。⑥不同厂家生产的同一油品原则上不能混贮，如非混贮不可时应先做“混兑试验”确认无不良反应后才可以操作。⑦油品加入设备前要进行沉降过滤处理，保证达到较高的清洁度。加油容器不可露置在大气中，装油容器不可无盖。⑧贮存油温最好稍高于环境温度，防止大气中的水蒸气在油中凝结。

对于桶装油品:①油品装卸车严禁野蛮作业，贮存前保证油品包装完好，标志清晰。油品堆放的高度要适当，以免产生危险或压坏产品。②运输和贮存过程中要尽量防止露天堆放，特别注意防雨。绝对避免桶盖上积水 ，防止油桶盖密封不严或由于冷热变化造成的“呼吸”现象，引起进水污染。③桶装润滑油品的贮存期可比散装的长，库房内要保持干燥、通风、清洁。④从桶中取油前要做好清洁防尘工作，开封后的桶装油要避免长期存储，用后及时盖好盖子。取油用具要专用、清洁。⑤先进先出，避免超期贮存。

（4）贮存中或贮存润滑油使用前要检查油品质量，防止乳化、变质、污染的润滑油被使用简单的检查可以有以下几方面：①颜色变化：氧化可使一些润滑油颜色变深；水污染可造成润滑油混浊、变白或明显乳化；②有无沉淀：添加剂的失效可能造成某些物质的析出，灰尘、各种固体颗粒物的污染也会形成沉淀；③分层：不溶的液态沉积物，如严重水污染、混入其他液体或液态添加剂变质析出。

# 第2章 液压油基础知识

## 1 液压传动与液压系统

机械装置中以液体为工作介质进行能量传递和转换，并进行控制的传动称液体传动。其中，借助液体的动能传递能量称为液力传动，利用密闭容积内液体的压力能传递和转换能量称为液压传动。液压传动的工作介质即称为液压油。

液压传动具有元件体积小、结构紧凑、操作灵活方便、传递功率大等特点，在机床、石油机械、冶金机械、工程机械、农业机械、汽车、船舶以及航空等诸多领域得到了广泛应用。

液压系统正常工作时，通常由能源装置、执行装置、控制调节装置、辅助装置和工作介质等五个主要部分组成。

（1）能源装置（又称动力元件）

是供给液压系统压力、把机械能转换成液压油压力能的装置，最常见的就是各类液压泵。

（2）执行装置

是把液压能转换成机械能的装置，有做直线运动的液压缸，有做回转运动的液压马达，它们又被称为液压系统的执行元件。

（3）控制调节装置

是对系统中的压力、流量或流动方向进行控制或调节的装置，如溢流阀、节流阀、换向阀、开停阀等。

（4）辅助装置

除上述三部分之外的其他装置，如油箱、滤油器、油管等，对保证系统正常工作必不可少。

（5）工作介质

是传递能量的流体，即液压油。

## 2 液压油的作用及基本性能要求有哪些?

液压油作为液压系统的重要组成部分，在系统运转过程中，除了实现能量的传递、转换和控制外，还起着系统的润滑、冷却、防锈、防腐等作用，被喻为液压系统的“血液”。液压油质量的优劣直接影响着液压系统的灵活性、准确性和可靠性，随着液压技术的不断发展，液压系统的工作压力、温度、精度、功率和自动化程度不断提高，液压元件趋向小型化、轻型化，对液压油提出了严格的性能要求，主要有以下几点：

（1）具有适宜的黏度和良好的黏温性能

黏度偏大，会使运行系统压力损失增加；黏度偏小，泵的内泄漏增大，容积效率降低；黏度过低，会使系统压力下降，磨损增加。当液压系统工作温度及环境温度差异较大时，温度的变化必然引起油品黏度的变化，这就要求油品的黏度随温度的变化要小，即油品的黏度指数要高。

（2）良好的润滑性

随着液压技术的发展，液压系统的压力由原来的7MPa提高到了14MPa，甚至高达40MPa。系统压力的升高，功率增大，油泵的负荷必然越来越重，使得液压系统滑动部位在启动和停运时大多处于边界润滑状态，要求油品具有优良的抗磨性。为防止磨损及擦伤，常在油品中添加抗磨剂，以提高油品的抗磨性能，满足机械设备正常工作的润滑要求。

（3）优良的稳定性

液压油的稳定性应包括：热稳定性、氧化安定性、抗腐蚀性、剪切稳定性、水解安定性、低温稳定性和贮存稳定性。

液压装置的高压、高速和小型化，使油品在液压系统中循环次数增加，油品在油箱中停留时间变短，油温增加，从55℃提高到80℃，一些现代大型液压挖掘机液压系统允许液压油的最高工作油温在90℃左右，所以要求油品有更好的热氧化安定性、水解安定性等稳定性能，以便减少和避免温度升高时生成氧化物进而加速油品变质和堵塞油路。

（4）良好的空气释放性和抗泡沫性

液压系统由于各种原因可能混入空气，空气在液压油中以掺混和溶解两种状态存在。溶解在油中的空气在液压油中可能引起气穴和气蚀；掺混到油中的空气，以气泡状态悬浮在油中，它对液压油的黏度和压缩性都有影响，因此，要求油品必须空气释放性要好。频繁地循环使泡沫的消失越来越困难，要求油品具有良好的抗泡沫性。

（5）良好的抗乳化性

液压系统如有水分混入，会加速油品的老化、产生油泥、润滑性下降、腐蚀金属、产生锈蚀，因此要求液压油抗乳化性好，易于将水分离出去，避免乳化变质。

（6）与密封材料的适应性

液压系统漏油是一个重大问题，因此要求液压油对密封垫圈等塑性材料具有不侵蚀、不收缩、不膨胀的性能。

（7）良好的过滤性

随着液压技术的发展，电液伺服阀和比例电磁阀等引入液压系统，这些部件灵敏度高、结构复杂、配合间隙小、精密度高，因此要求液压油具有高清洁度和良好的过滤性。

液压油的过滤性受油中不溶性胶质、沥青质和污染粒子的影响。高压化使泵的间隙很小，这都增加了装置对油中杂质的敏感性，微小的杂质颗粒都会引起液压元件的异常磨损和失灵，所以油在进入控制元件前，必须经过过滤，这就要求液压油要具有良好的过滤性。

（8）其他要求

如抗燃、无毒、易生物降解等。

## 3 液压油的分类

我国等同采用国际标准化组织（ISO）“润滑剂、工业用油和相关产品（L类）的分类——第四部分：H组（液压系统）”分类标准ISO 6743-4:1999（目前版本已更新为ISO 6743-4:2015），制定了GB 7631.2—2003《润滑剂、工业用油和相关产品（L类）的分类　第2部分：H组（液压系统）》，见表2.1。将液压系统按流体静压系统和流体动力系统分为两大类，其中流体静压系统用油包括矿物油型和合成烃型类、环境可接受液压油、液压导轨油、难燃液压油四大类。

①矿物油型和合成烃型类液压油主要品种有HL（抗氧防锈）、HM（抗磨）、HV（黏温性好、抗磨）、HS（合成型、抗磨）液压油；

②环境可接受液压油分HETG（甘油三酸酯）、HEPG（聚乙二醇）、HRES（合成酯）、HEPR（聚α-烯烃和相关产品）四种；

③液压导轨系统用的HG（具有黏滑性的HM）液压油；

④难燃液压油分HFAE（水包油型乳化液）、HFAS（水化学的溶液）、HFB（油包水乳化液）、HFC（含聚合物水溶液）、HFDR（磷酸酯无水合成液）、HFDU（其他成分的无水合成液）。

表2.1　润滑剂、工业用油和相关产品（L类）的分类——第2部分：H组（液压系统）（GB 7631.2—2003）

| 特殊应用 | 更具体应用 | 组成和特性 | 产品符号L- | 典型应用 | 备注 |
|---|---|---|---|---|---|
| 流体静压系统 | | 无抗氧剂的精制矿物油 | HH | | |
| | | 精制矿物油、并改善其防锈和抗氧性 | HL | | |
| | | HL油、并改善其抗磨性 | HM | 一般液压系统（包括高压系统） | |

续表

| 特殊应用 | 更具体应用 | 组成和特性 | 产品符号L- | 典型应用 | 备注 |
|---|---|---|---|---|---|
| 流体静压系统 | | HL油、并改善其黏温性 | HR | | |
| | | HM油，并改善其黏温性 | HV | 工程机械和船用设备 | |
| | | 无难燃要求的合成液 | HS | | 特殊性能 |
| | 环境可接受的液压液油 | 甘油三酸酯 | HETG | 一般液压系统（移动设备） | （1） |
| | | 聚乙二醇 | HEPG | | |
| | | 合成酯 | HRES | | |
| | | 聚α-烯烃和相关烃类产品 | HEPR | | |
| | 液压导轨系统 | HM油，并具有黏滑性 | HG | 液压和滑动轴承导轨润滑系统合用的机床在低速下使振动或间断滑动（黏-滑）减为最小 | 这种液体具有多种用途，但在所有液压应用中不全有效 |
| | 难燃液压油 | 水包油型乳化液 | HFAE | | 通常含水大于80%（m/m） |
| | | 水的化学溶液 | HFAS | | 通常含水大于80%（m/m） |
| | | 油包水乳化液 | HFB | | |
| | | 含聚合物水溶液 | HFC | | 通常含水大于35%（m/m）（2） |
| | | 磷酸酯无水合成液 | HFDR | | （2） |
| | | 其他成分的无水合成液 | HFDU | | |
| 流体动力系统 | 自动传动系统 | | HA | | 与这些应用相关的分类尚未进行详细研究，以后增加 |
| | 联轴节和转换器 | | HN | | |

注：（1）每个品种的基础液的最小含量应不少于70%（m/m）。

（2）这类液体也可以满足HE品种规定的生物降解性和毒性要求。

## 4 液压油的规格

液压油具有代表性的国际、国家和行业规格主要有：

ISO 11158—2009《润滑剂、工业润滑油和相关产品（L类）. H组（液压系统）HH、HL、HM、HV、HG分类规格》，为矿物油型和合成烃型液压油产品标准。

ISO 12922—2020《润滑剂、工业润滑油和相关产品（L类）. H组（液压系统）HFAE、HFAS、HFB、HFC、HFDR和HFDU各品种的规格》，为难燃液压油规格。

ISO 15380—2016《润滑剂、工业润滑油和相关产品（L类）. H组（液压系统）HETG、HEPG、HRES、HEPR种类规格》，为环境可接受液压油规格，将环保型绿色液压油正式列到规格标准中。

国外液压油规格标准虽侧重点有所不同，有些规格质量水平一般，但国外一些石油公司产品说明书中经常注明这些产品同时符合 DIN 51524、NF E48-603、Denison HF-0、ISO 11158 等典型规格，说明这些产品实际水平高于官方水平。

美国材料与试验学会标准ASTM D6158—2018（包括HL、HM、HV、HMHP、HVHP）。

德国国家工业标准DIN 51524-1—2017（HL级）、DIN 51524-2-1985（HM级，HLP级），DIN 51524-3：2018（HV级，HVLP级）。

法国国家标准NF E48-603—1983，包括 HH、HL、HM、HV。

日本建设机械施工协会的JCMAS液压油标准（HPV35+35泵磨损台架，A2F氧化台架），包括HK32、46、32W、46W及生物降解型的HKB 32、46、32L、46L。

德国钢铁协会SEB 181222，包括HLP（相当于HM）。

美国钢铁协会AIST（U.S.Steel），包括No.126&127。

美国汽车工程师协会SAE MS 1004，包括HL、HM、HV型。

液压油具有代表性OEM规格主要有：德国博世力士乐RDE 90235规格（RFT APU CL泵台架磨损试验），是现行的液压油最高性能标准。美国帕克丹尼森 Parker Denison 公司规格（TP30560Versfrom19.April2012），其中HF-1为抗氧防锈HL型，HF-2、HF-0为HM抗磨型规格，其中HF-0规格对水解安定性和氧化腐蚀性提出更高要求，还增设了热稳定性、过滤性和高压叶片泵及高压柱塞泵试验（T6H20C双泵磨损台架）。美国法孚辛辛那提Fives-Cincinnati（原Cincinnati Machine、Cincinnati Milacron）公司规格，其中 P-38、P-55、P-57为抗氧防锈HL型；P-68（ISO32）、P-69（ISO46）、P-70（ISO68）为抗磨HM型；P-75A、P-75B和P-75C 为抗磨专用型。美国伊顿威格斯Eaton Vickers公司规格（03-401—2010Rev1），原主要为抗磨液压油Vickers M-2950-S（35VQ25泵磨损台架，移动式液压系统）和Vickers I-286-S（V-104C泵磨损台架，固定式液压系统）泵试验两种规格，最新为Eaton E-FDGN TB002-E、Eaton Brochure03-401—2010规格。

我国已制定了GB 11118.1—2011《液压油》和GB/T 21449—2008《水-乙二醇型难燃液压液》。GB 11118.1—2011《液压油》规格中包括L-HL、L-HM、L-HV、L-HS和L-HG五个品种，其中高压型抗磨液压油各项综合性能指标要求处于国际较高技术水平；GB/T 21449—2008《水-乙二醇型难燃液压液》，规格中包括HFC22、32、46、68四个品种；NB/SH/T 6045—2021《脂肪酸酯型难燃液压液（HFDU）》包含46号和68号两个品种。

另外，我国根据风力发电特殊需求，制定了GB/T 33540.4—2017《风力发电机

组专用润滑剂 第4部分：液压油》专用标准，适用于风力发电机组制动、传动和变桨距等液压系统的润滑，只设32号一个黏度等级。质量指标介于HV32与HS32之间，在HV质量性能基础上，强化了倾点、空气释放性、剪切安定性、氧化安定性、密封材料相容性、过滤性等指标要求，明确清洁度不大于8。

## 5 液压油主要品种及性能

液压油主要品种有L-HL、L-HM、L-HV、L-HS、L-HG及清洁环保等液压油。

（1）L-HL抗氧防锈液压油

L-HL液压油是由深度精制基础油，加入抗氧、防锈和抗泡添加剂制成，适用于机床等设备的低压润滑系统。HL液压油具有较好的抗氧化性、防锈性、抗乳化性和抗泡性等性能。使用表明，HL液压油可以减少机床部件的磨损，降低温升，防止锈蚀，延长油品使用寿命，换油期比机械油长一倍以上。我国在液压油系统中曾使用的加有抗氧剂的各种牌号机械油现已废除。目前我国L-HL液压油品种有15、22、32、46、68、100、150 七个黏度等级。

（2）L-HM抗磨液压油

L-HM液压油是在防锈、抗氧液压油基础上改善了抗磨性能发展而成的抗磨液压油。L-HM 液压油采用深度精制基础油，加入抗氧剂、抗磨剂、防锈剂、金属钝化剂、抗泡沫剂等配制而成，可满足中、高压液压系统油泵等部件的抗磨性要求，适用于使用性能要求高的大型精密液压设备。从抗磨剂的组成来看，L-HM液压油分含锌型（以二烷基二硫代磷酸锌为主剂）和无灰型（以硫、磷酸酯类等化合物为主剂）两大类。不含金属盐的无灰型抗磨液压油具有更好的水解安定性、抗乳化性和有色金属钝化性。目前我国L-HM液压油高压型的有32、46、68、100四个黏度等级，普通型的有22、32、46、68、100、150六个黏度等级。

（3）L-HV低温液压油

L-HV液压油是具有良好黏温特性的抗磨液压油。该油是以深度精制的基础油并添加高性能的黏度指数改进剂和降凝剂等调制而成，具有低的倾点、高的黏度指数和良好的低温黏度。同时还具备抗磨液压油的特性（如很好的抗磨性、水解安定性、空气释放性等），以及良好的低温特性（低温流动性、低温泵送性、冷启动性）和剪切安定性。该产品适用于寒区-30℃以上、作业环境温度变化较大的室外中、高压液压系统的机械设备。L-HV液压油设有10、15、22、32、46、68、100 七个黏度等级。

（4）L-HS超低温液压油

L-HS液压油是比L-HV液压油具有更良好低温特性的抗磨液压油。该油是以合成烃油、加氢油或半合成烃油为基础油，同样加有高性能黏度指数改进剂和降凝剂等调制而成，具备更低的倾点、更高的黏度指数和更优良的低温黏度。同时具有抗磨液压油应具备的一切性能和良好的低温特性及剪切安定性。该产品适用于严寒区-40℃以上、环境温度变化较大的室外作业中、高压液压系统的机械设备。L-HS液压油设有10、15、22、32、46五个黏度等级。

（5）L-HG液压导轨油

L-HG液压导轨油是在L-HM液压油基础上添加抗黏滑剂（油性剂或减摩剂）调制而成，该油将振动或间断滑动（黏-滑）减为最小。L-HG液压导轨油设有32、46、68和 100四个黏度等级。

（6）清洁液压油

清洁液压油完全符合我国L-HM、L-HV抗磨液压油国家标准GB 11118.1—2011。其质量达到DIN 51524-2、DIN 51524-3和 ISO 11158 L-HM、L-HV规格，该油品在清洁度方面进行了严格的特别规定。清洁液压油可用作冶金、煤炭、电力、建筑行业引进及国产的中高压（压力为 8 ~ 16MPa）及高压（压力为 16 ~ 32MPa）液压设备对污染度有严格要求的精密液压元件的工作介质。

（7）难燃液压油（液）

国内难燃型液压油（液）主要品种有：HFAE，水包油乳化液型难燃液压液（含水大于80%）；HFAS，水基难燃液压液（含水大于80%）；HFB，油包水乳化液型难燃液压液（含水小于80%）；HFC，含聚合物水溶液型难燃液压液（含水小于80%）；HFDR，磷酸酯型难燃液压油；HFDU，脂肪酸酯型难燃液压油。

目前常用的难燃液压油（液）主要为水-乙二醇型难燃液压液（满足GB/T 21449—2008规格）和脂肪酸酯型难燃液压液（HFDU）（满足NB/SH/T 6045—2021规格）。

其中，满足GB/T 21449—2008规格要求的水-乙二醇型难燃液压液（L-HFC型）为具有优良润滑性能的有机高分子、乙二醇及其他助剂复配而成，具有优良抗燃性、低凝性、润滑性、稳定性及气液防锈性；在接近火源、电源和高温、高压下有良好的抗燃性能，在低温、寒冷的环境中，又具有良好的抗凝和低温流动性；高的黏度指数和良好的润滑性使其近似于矿物液压油的性能，可承受较高的工作压力。因此被广泛用于采矿、炼钢、炼铁、连铸、热轧以及金属压铸等各种设备的液压系统中。

（8）环境可接受的液压油

液压油可能通过溢出或泄漏（非燃烧）进入环境，一些国家和地区立法禁止在环境敏感地区，如森林、水源、矿山等使用非生物降解润滑油，尤其在公共土木工程机械的液压设备中要求使用可生物降解液压油。国际上制定了可生物降解液压油产品标准ISO/DIS 15380—2016《润滑剂、工业润滑油和相关产品（L类）. H组（液压系统）HETG、HEPG、HRES、HEPR》。四类产品中HETG产品属于甘油三酸酯植物油型；HEPG产品是以聚醚（聚乙二醇）为基础油；HRES产品是以合成酯为基础油；HEPR产品是聚α-烯烃和相关烃为基础油。

环境可接受的液压油，除了具有可生物降解性、低毒性以外，还应添加抗氧剂、清净分散剂、极压抗磨剂等各种功能的添加剂来满足液压系统苛刻的要求，而这些添加剂也应是可生物降解的，并且对所选择的基础油的生物降解性影响要小。我国是润滑油生产和消费大国，环境可接受的液压油是今后的发展趋势。

目前国外许多公司如德国ARAL公司、美国Mobil公司、英国BP公司相继推出了一系列环境可接受的液压油，占液压油总量的10%。资料表明，各类油的生物降解率不同，其中以植物油生物降解性最好，且资源丰富，价格较低；合成酯各方面性能平衡较好，但成本较高；聚乙二醇易水溶并渗入地下，造成地下水污染且与添加剂混合后会产生水系毒性。因此，在欧洲，以植物油为基础油的生物降解润滑油在市场中占有较大比例。

（9）其他液压油

为满足特殊液压机械和特殊场合使用需求，国内按军标和企标生产的不属于标准分类范畴的专用液压油主要包括：航空液压油（GJB 1177）、舰用液压油（GJB 1085）、炮用液压油（GJB 3238）、风电专用液压油（GB/T 33540.4—2017）、工程机械专用液压油等，其质量性能大部分介于L-HL和L-HM液压油之间或近于L-HV液压油。

## 6 L-HM液压油普通型和高压型有何区别?

GB 11118.1—2011将L-HM液压油分为普通和高压型两种，普通型具有较好的抗磨性、抗氧防锈性和抗乳化性，而高压型是参照美国丹尼森公司HF-0标准制定的，增加了水解安定性、热稳定性、过滤性、剪切安定性等性能，在锈蚀和抗磨性上也提出了更高要求。

## 7 锌型抗磨液压油（有灰型）和无灰型抗磨液压油的区别有哪些?

抗磨液压油按抗磨添加剂组成主要分为锌型抗磨液压油（有灰型）和无灰型抗磨液压油两种。锌型抗磨液压油中所含抗磨剂主要是二烷基二硫代磷酸锌（ZDDP），无灰型抗磨液压油主要使用的抗磨剂是硫代磷酸酯或磷酸酯类化合物，无灰型抗磨液压油具有更好的水解安定性、过滤性，对镀银部件无腐蚀。两种液压油性能比较见表2.2。

表2.2 有灰型与无灰型抗磨液压油性能比较

| 项目 | 有灰（锌）型油 | 无灰型油 |
| --- | --- | --- |
| 灰分 | 高 | 无 |
| 金属 | Zn、Ca或Ba | 无 |
| 总酸值/（mgKOH/g） | ~1.5 | ~0.2 |
| 热稳定性 | 中 | 良 |
| 水解安定性 | 从一般到好 | 很好 |
| 破乳化性 | 从一般到好 | 优 |
| 氧化安定性 | 好 | 优 |
| 对铜、青铜腐蚀 | 可能性大 | 可能性小 |
| 泵适应性（叶片泵） | 适应 | 适应 |
| 柱塞泵 | 适应性较好 | 适应性很好 |
| FZG 齿轮试验 | 优 | 好 |
| 空穴 | 可能 | 无 |
| 环境污染 | 可能性高 | 可能性低 |
| 多效能力 | 从一般到好 | 极好 |
| 成本 | 中等 | 较高 |

## 8 酯型难燃液压油特点及适用范围

酯型难燃液压油主要有两种：一种为磷酸酯型；另一种为脂肪酸酯型。其中磷酸酯型历史虽长，但因为其水解安定性差，水解产物剧毒，对环境危害较大等原因，现在已经逐步被脂肪酸酯型难燃液压油所取代。

与一般的矿物油型液压油相比，酯型难燃液压油具有自燃点高、挥发性低、抗燃性好，润滑性能可与矿物油相媲美，脂肪酸酯型还具有可生物降解性和使用寿命长等特点，主要应用于冶金、建材、煤矿、电力等行业接触高温或明火的液压系统。推荐使用温度范围在-20~200℃，使用压力可达40MPa。

酯型难燃液压油替代矿物油型液压油时，注意系统中矿油含量应小于5%；替代水基抗燃液压油时，系统中水含量应小于0.2%；替代其他类型液压油时，由于酯类油极性大，溶解性强，还应特别注意相容性和密封件的适应性。

## 9 水基难燃液压液性能特点及适用范围



（1）HFAE水包油乳化液

由于水含量高达80%以上，因此，具有比热容高，抗燃性好，具有优良的冷却性能，且便宜，对人体无害，对一般的非金属材料适应性较好。但因为是含水液，蒸气压高，润滑性差，因此使用温度不能超过50℃，系统压力不能超过7.0MPa。适用于煤矿液压支架静压液压系统和其他不要求回收废液和不要求拥有良好润滑性，但要求有良好难燃性液体的其他液压系统或机械部位。

（2）HFAS水基难燃液压液

又叫高水基液，通常由95%的水和5%水溶性化学品组成。它不燃，无压缩性，具有高的热容和导热性，冷却效果好。系统运行温度通常低于油系统。黏度低、污物沉淀快，价廉（仅是矿物油成本的1/10~1/5），无毒，无污染，易处理。使用温度最好在4～50℃，温度过低可能冻结，过高蒸发太快。水的润滑性差，所以它运行的系统压力也不能高于7.0MPa。此外，它除了与铝、镁、铅、锌、镀锌钢（材）、镉金属材料不相适应外，与软木、纸、丁基橡胶、皮革、大多数涂料及涂层也不适应，使用时应注意。适用于需要难燃性液体的低压液压系统和金属加工等机械。

（3）HFB油包水乳化液

是由60%的矿物油和40%的水组成，细小水颗粒分散在矿油连续相里，水是抗燃组分。与矿物油相比，油包水乳化液的润滑性能相对较低，这就限制了它在高压系统的使用。由于含水，蒸气压高，它使用的最高温度不能超过65℃。油包水乳化液在使用中主要问题之一是稳定性。长期静置、高温和污染都会引起分相，分相的出现加速了泵的过早损伤。油包水的主要优点是能与矿物油使用相同的非金属材料，包括密封件、软管及涂料等。除了镁以外，能与一般金属材料相适应。适用于冶金、煤矿等行业的中压和高压，高温和易燃系统。

（4）HFC水–乙二醇液

也是以水作为抗燃组分的一种抗燃液压液，由30%~55%的水和25%~45%的乙二醇、丙三醇或其聚合物以及水溶性稠化剂、抗磨剂、防锈剂、抗泡沫剂等组成。该液具有优良的抗燃性、高黏度指数，良好的稳定性和流动性，呈透明真溶液。但使用温度也不能超过65℃，一般使用在不高于10MPa压力的系统中，它能与矿物油一样使用相同的密封材料和软管，但与锌、镉、镁、银及未经处理的铝不相容，也不能使用皮革和软木。能使普通油漆软化，只能使用环氧基涂料或乙烯基涂料上。乙二醇有一定的毒性，应防止进入口中，但对身体不发生危害。适用于冶金和煤矿等行业的低压和中压液压系统。

## 10 液压油的选用原则是什么？

①根据工作环境和工况条件来选用液压油（见表2.3）；②根据摩擦副的形式及其材料选用液压油（见表 2.4）；③根据液压泵类型确定最佳运行黏度范围（见表2.5、表2.6）。

表2.3 根据工作环境和工况条件来选用液压油

| 环境（工况） | 系统压力7.0MPa以下系统温度50℃以下 | 系统压力7～14MPa系统温度 50℃以下 | 系统压力7～14MPa系统温度50～80℃ | 系统压力14MPa以上系统温度80～100℃ |
|---|---|---|---|---|
| 室内固定液压设备 | L-HL液压油 | L-HL或L-HM液压油 | L-HM液压油 | HM液压油 |
| 露天寒区和严寒区 | L-HV或 HS液压油 | L-HV或L-HS液压油 | L-HV或L-HS液压油 | L-HV或L-HS液压油 |
| 地下、水上 | L-HL液压油 | L-HL或L-HM液压油 | L-HL或L-HM液压油 | L-HM液压油 |
| 高温热源或旺火附近 | HFAE、HFAS液压油 | HFB、HFC液压油 | HFDR、HFDU液压油 | HFDR液压油 |

表 2.4 根据摩擦副的形式及其材料选用液压油

| 工况条件 | 液压油类型 |
|---|---|
| 压力大于7MPa 的精密机床，14MPa的不含青铜件的液压系统、高压叶片系统 | 含锌液压油 |
| 压力大于15MPa的叶片泵和大于34MPa 的柱塞泵 | 高压无灰液压油 |
| 有电液伺服阀的系统 | 高清洁液压油 |
| 含银部件液压系统 | 无灰液压油 |

表2.5 不同类型液压泵最佳运行黏度范围

| 泵型 | 最小工作黏度/（$mm^2/s$） | 最大启动黏度/（$mm^2/s$） | 最佳黏度范围/（$mm^2/s$） |
|---|---|---|---|
| 齿轮泵 | 不低于20 | 不大于2000 | 30~115 |
| 柱塞泵 | 不低于8 | 不大于1000 | 30~115 |
| 叶片泵 | 不低于10 | 不大于700 | 25~68 |

表2.6 液压油黏度选择

| 液压泵类型 | 工作压力 | 黏度等级（40℃） | |
|---|---|---|---|
| | | 工作温度<50℃ | 工作温度50~80℃ |
| 叶片泵 | ＜6.3MPa | 32、46 | 46、68 |
| | ＞6.3MPa | 46、68 | 68、100 |

续表

| 液压泵类型 | 工作压力 | 黏度等级（40℃） | |
|---|---|---|---|
| | | 工作温度<50℃ | 工作温度50~80℃ |
| 齿轮泵 | < 6.3MPa | 32、46 | 46、68 |
| | > 6.3MPa | 46、68 | 68、100 |
| 径向柱塞泵 | < 6.3MPa | 32、46、68 | 100、150 |
| | > 6.3MPa | 68、100 | 100、150 |
| 轴向柱塞泵 | < 6.3MPa | 32、46 | 68、100 |
| | > 6.3MPa | 46、68 | 100、150 |

①一般对于室内固定设备，液压系统压力≤7.0MPa、温度50℃以下选用HL油；系统压力7.0～14.0MPa、温度50℃以下选L-HL或L-HM油，温度50～80℃选L-HM油；系统压力≥14.0MPa选L-HM或高压抗磨液压油。

②对于露天寒区或严寒区选L-HV或L-HS油。

③对于高温热源附近设备，选抗燃液压油。

④对于环保要求较高的设备（如食品机械），选环境可接受液压油。

⑤对于要求使用周期长、环境条件恶劣的液压设备选用液压油优等品；对于要求使用周期短、工况缓和的液压设备选用液压油一等品。

⑥液压及导轨润滑共用一个系统，应选用液压导轨油。

⑦使用电液脉冲马达的开环数控机床选用数控机床液压油，使用电液伺服机构的闭环系统选用清洁液压油。

⑧含银部件的液压系统，选用无灰抗磨液压油。

## 11 液压油在使用中应监测哪些项目？液压油的换油标准是什么？

液压油在使用中主要监测油品的外观、黏度变化、色度变化、酸值变化、水分、杂质、戊烷不溶物、腐蚀、泡沫特性及清洁度等项目，定期检测这些项目可以提早发现问题，采取相应措施，避免发生故障。我国石油化工行业已颁布了L-HL、L-HM油换油指标，分别为SH/T 0476—1992和NB/SH/T 0599—2013，见表2.7。原则上，使用中的液压油有一项指标达到换油指标时应更换新油。

表2.7 L-HL液压油、L-HM液压油换油指标

| 项目 | L-HL液压油 | HM液压油 | 试验方法 |
|---|---|---|---|
| | SH/T 0476—1992 | NB/SH/T 0599—2013 | |
| 外观 | 不透明或浑浊 | — | 目测 |

续表

| 项目 | L-HL液压油 | HM液压油 | 试验方法 |
|---|---|---|---|
| | SH/T 0476—1992 | NB/SH/T 0599—2013 | |
| 运动黏度（40℃）变化率/%　超过 | ± 10 | ± 10 | GB/T 265 |
| 色度增加（比新油）　等于或大于 | ≥3 | ＞2 | GB/T 6540 |
| 酸值/（mgKOH/g）　大于 | 0.3 | — | GB/T 264 |
| 酸值增加/（mgKOH/g）　大于 | — | 0.3 | GB/T 7304 |
| 水分（质量分数）/%　大于 | 0.1 | 0.1 | GB/T 260 |
| 机械杂质（质量分数）/%　大于 | 0.1 | — | GB/T 511 |
| 铜片腐蚀（100℃,3h）/级　等于或大于 | ≥2 | ＞2a | GB/T 5096 |
| 正戊烷不溶物/%　大于 | — | 0.10 | GB/T 8926 A法 |
| 泡沫特性（24℃）泡沫倾向/泡沫稳定性/（mL/mL）　大于 | — | 450/10 | GB/T 12579 |
| 清洁度（可根据设备制造商的要求调整）　大于 | — | 20/18/15或NAS 9 | GB/T 14039或NAS 1638 |

另外，冶金行业也发布了YB/T 4629—2017《冶金设备用液压油换油指南L-HM液压油》，见表2.8。船舶行业发布了CB/T 3436—2013《船舶液压系统液压油更换技术要求》，见表2.9。ASTM D6224—2016规格对在用油的监测警戒线进行了规定，见表2.10。

表2.8　YB/T 4629—2017冶金设备用液压油换油指南L-HM液压油

| 项目 | L-HM液压油 | 试验方法 |
|---|---|---|
| | YB/T 4629-2017 | |
| 运动黏度（40℃）变化率/%　超过 | ± 10 | GB/T 11137<br>GB/T 265 |
| 酸值增加值（以KOH计）/（mg/g）　大于 | 0.30 | GB/T 7304 GB/T 264 |
| 水分（质量分数）/%　大于 | 0.10 | GB/T 260 GB/T 11133 |
| 铜片腐蚀（100℃，3h）级　等于或大于 | ＞2a | GB/T 5096 |
| 正戊烷不溶物/%　大于 | 0.20 | GB/T 8926 A法 |
| 清洁度/级　大于 | 伺服系统NAS 5<br>比例系统NAS 7<br>一般系统 NAS 9 | DL/T 432或GJB 380.4A |

表2.9 CB/T 3436—2013 船舶液压系统液压油更换技术要求

| 测定项目 | | 理化性能变化极限指标 | | | 测定方法 |
|---|---|---|---|---|---|
| | | L-HV液压油 | L-HM液压油 | L-HL液压油 | |
| 运动黏度（40℃）变化率/% | 超过 | ± 10 | ± 15 | ± 15 | GB/T 265 |
| 酸值增加值（以KOH计）/（mg/g） | 大于 | 0.3 | 0.3 | 0.3 | GB/T 264 |
| 水分（质量分数）/% | 大于 | 0.2 | 0.2 | 0.2 | GB/T 260 |
| 闪点（开口）下降/ | 大于 | –8 | –8 | –8 | GB/T 3536 |
| 伺服系统污染等级 | | –/18/15 | –/18/15 | –/18/15 | 计数法 |
| | | 104 | 104 | 104 | 重量法 |
| 中高压系统污染等级 | | –/20/17 | –/20/17 | –/20/17 | 计数法 |
| | | 107 | 107 | 107 | 重量法 |
| 低压及一般液压系统污染等级 | | –/21/18 | –/21/18 | –/21/18 | 计数法 |
| | | 108 | 108 | 108 | 重量法 |

注1：未注明的液压油换油指标，采用与表中液压油性能相近的液压油换油指标。
注2：定期检查液压油，液压油指标超过表中极限值时，应予以过滤或更换新油。

表2.10 ASTM D6224—2016在用液压油警戒线

| 项　目 | 数值 |
|---|---|
| 酸值增长/（mgKOH/g） | ＞0.2 |
| 水分/% | >0.05 |
| 颜色 | 不正常的变化或极速变黑 |
| 不溶物/% | ＞0.1 |
| 抗氧剂的含量 | ＜新油的25% |
| 液相锈蚀 | 轻锈 |
| 抗泡性能（程序I）/mL | 倾向性大于450<br>稳定性大于10 |
| 空气释放值/min | ＞5~20 |
| 清洁度 | ＞17/14 |

## 12 液压系统故障与液压油质量相关因素有哪些?

液压系统发生故障主要是设备的机械故障和操作失误造成的，与液压油质量相关的系统故障大致分为以下几个方面：

①液压油系统油温过高而自动停机，可能是液压油黏度过高，摩擦阻力增大而发热；又因油温太高使油品黏度变低，造成系统内泄漏，油泵容积效率下降，磨损增加。

②液压系统压力不稳或不足，可能是选用液压油黏度过低，油中混入空气或油品抗泡性差，油中空气释放性差。

③系统内混入空气、水或其他油品，特别是混入含有清净剂较多的柴油机油。

## 13 造成液压油系统油温过高原因及危害有哪些？

液压油系统油温过高的原因包括：①机械方面主要有系统设计、设备故障或操作不当；在油路设计中在缺少变量泵的情况下，采用节流调速会引起能量损耗，部件发热；冷却器由于堵塞不工作或冷却风扇转速过慢造成散热不好；长时间超负荷工作；压力管与回流管之间的油流量偏低；周围环境温度太高，泵过热等。②从液压油的角度来看，油的黏度太高会生成摩擦阻力增加而发热；某些液压油的热容较高，例如用加氢油调制的液压油受热后不易将热散出，容易自身发热。

液压系统温度过高除造成自动停机，还产生以下的危害：

①油品的黏度变低，内泄漏增多，油泵容积效率下降，磨损增加，缩短使用寿命。

②液压元件产生热膨胀，配合间隙减小，造成元件失灵或卡死。

③密封件变形和老化而失去弹性，发生漏油。过高温度还能使导管和接缝破坏。

④液压油长期在较高的温度下工作会加速油品的氧化，缩短液压油的使用寿命，酸性氧化产物还会腐蚀金属，氧化产生的油泥会堵塞油滤，增加泵的磨损。

## 14 如何保持液压系统压力平稳？

液压系统压力不稳或不足，液压泵方面问题：①设计时泵的参数选择不当；②安装时部件的间隙过大；③长期工作产生磨损使间隙增大；④泵出现故障，冷却水不足，泵本身温度过高；⑤电压不稳，联轴器或传动不正常会使泵的转速降低；⑥压力油路系统密封件损坏或液压缸活塞或活塞杆密封损坏。

液压油方面问题：①选用油品黏度过低；②油中混有空气或油品的抗泡性差；③液压油的空气释放性差。

## 15 液压系统的颗粒污染原因及危害有哪些？

液压系统的颗粒污染的原因：①液压油使用过程中造成的污染，如液压油氧化产生的油泥或积炭，摩擦副在使用过程中产生的磨粒等；②外来污染物，如加工残留的金属屑，空气中的尘土，沙粒等。金属杂质或其他硬质污染物会引起摩擦副的磨损，加速润滑油氧化氧化油泥与水、外来污染物等会形成“固体物”，可能堵塞滤油器、油线管道或润滑油槽。液压系统清洁度测试方法主要有：ISO 4406：2017、

NAS 1638及我国的GB/T 14039—2002。不同液压系统对油品的清洁度要求见表2.11。



表2.11 不同液压系统对油品的清洁度要求

| 液压系统及部件 | NAS 1638 | ISO 4406：2017 |
|---|---|---|
| 航空航天、机械人等敏感高压系统 | 4 | 14/12/9 |
| 电液伺服阀，高压系统 | 5 | 16/14/11 |
| 比例流量阀，高压系统 | 6 | 17/15/12 |
| 叶片泵及柱塞泵，中压系统 | 7 | 18/16/13 |
| 方向及压力控制阀，中压系统 | 7 | 18/16/13 |
| 齿轮泵，中压系统 | 8 | 19/17/14 |
| 流量控制阀，低压系统 | 9 | 20/18/15 |

## 16 液压油使用过程中的管理与维护有哪些?

为保证液压设备安全稳定运行，液压油在使用中应该注意以下几点：

（1）防止液压油被污染

污染物最大的危害是造成对设备的腐蚀，堵塞过滤器和节流孔，加速油品的老化和对组件的腐蚀。

（2）防止空气混入

混入空气会产生气蚀、噪声，并使液压油过早变质，影响使用。

（3）防止水分混入

冷却水及蒸汽的混入，会使液压系统中的金属元件遭到腐蚀，加速油品变质并降低液压油的润滑性。

（4）控制液压油的使用温度

液压油不要超温使用，油温升高，会加速液压油的氧化变质，同时氧化生成的酸性物质会对金属组件产生腐蚀。

## 17 如何解决液压系统中水混入问题?

（1）水进入液压系统大致有3个途径

机械故障如密封不好，冷却盘管渗漏使水进入油中；在湿热的气候下，油箱呼吸而带入；工作环境潮湿，雨、雪、融冰产生水的污染。

（2）水对液压系统的危害

能够与液压油起反应，形成酸、胶质和油泥，水也能析出油中的添加剂；水的最主要影响是降低润滑性，溶于液压油中的微量水能加速高应力部件的磨损，仅从含水（100～400）×$10^{-6}$的矿物油滚动轴承疲劳寿命研究表明，轴承寿命降低了30%～70%。水能造成控制阀的黏结，在泵入口或其他低压部位产生气蚀损害，腐蚀、锈蚀金属。

（3）解决的办法

加强油中水含量的监测，室外使用的液压设备，最好用防风雨帐篷。加强系统密封措施，防水进入。油箱呼吸孔装干燥器，有条件的系统可安装“超级吸附型”干燥过滤器。

## 18 如何防止液压系统空气混入问题?

注入系统的液压油真空脱气不够，或泵的入口或吸入管漏气都会使气体进入液压油中。带有大量气体的液压油在系统运行中会产生气蚀、振动噪声、爬行，迟缓反应和软操作，并使油质加速老化。

防止的办法有：①所有泵的吸入油管安装在油箱液面以下；②保证泵吸油充分，吸油管不漏气；③为利于系统中排除气，可在系统的最高处安装放气阀。

## 19 如何防止液压油使用中被污染?

①应及时注意更换不良的密封件，例如采用降低液压油泵的安装高度，正确选择合适黏度、质量等级液压油，防止空气混入；

②使用过程中或保管过程中要防止混入水，注意油箱，桶加盖，盛油容器保持清洁；

③防止固体杂质混入油中，加油前要清洁油箱内部，管线要清洗吹通，定期换油滤器；

④防止液压油中产生胶质状物质，这种物质产生于油箱涂漆层，要选择耐油的接触物；

⑤根据系统要求，选用不同过滤精度的过滤器。

## 20 液压系统的清洗及换油注意事项

有些液压设备维修后，用金属清洗剂或肥皂水清洗系统，再加液压油进行试机，发现泡沫大，油压不稳。这时，用户通常认为该品牌的液压油质量差，把油排净后换另一品牌的油工作正常，因此就断定前油差后油好。其实这是冤案，前油替后油“受了过”，由于系统中残存的金属清洗剂、肥皂水中的表面活性组分污染了前油而使其抗泡性变差，使设备工作异常，前油排干净时也同时把系统冲刷干净，后油也就正常了，类似的情况经常发生。



## 21 液压油与液力传动油的作用有什么不同?

液压油是借助于处在密闭容积内的液体压力能来传递能量或动力的工作介质。液力传动油是借助于处在密闭容积内的液体动能来传递能量或动力的工作介质。

液压油、液力传动油的作用一方面是实现能量传递、转换和控制的工作介质，另一方面还同时起着润滑、防锈、冷却、减振等作用。

## 22 内燃机油与矿物液压油有何主要区别？二者是否可以代用?

内燃机油是根据发动机油的工况生产，要求有较高的清净分散性等。液压油主要用于各类液压系统中，由于液压油中缺乏清净分散性不能用作内燃机油。而内燃机油在破乳化、水解安定性等方面达不到液压油的要求，因此内燃机油也不能代用液压油。

## 23 工业齿轮油能否代替矿物液压油来用?

工业齿轮油中添加剂的主要成分为活性硫、磷等化合物，它一般黏度大，极压性好，但对铜腐蚀敏感，水解安定性达不到液压油的要求，除防锈、抗氧性的同黏度级L-CKB可代替L-HL油外，一般不能随意用来顶替矿物液压油。

## 24 同种类、同黏度级别的不同厂家的液压油品可以随意混合使用吗?

一般不能。因为尽管两种油的种类和黏度完全相同，但二者的化学组成不明，混到一起后，添加剂之间是否起对抗效应不得而知，因此，面对这种情况，处理方法有如下两种：第一，先做不同比例的混溶贮存稳定性试验，并测定其混溶后的主要性能，再抉择。第二，放净设备中的旧油，用新装油冲洗干净系统，再注入新油运行。

## 25 工程机械液压系统工况特点与液压油选择

工程机械与工业设备的液压系统工况有较大区别，见表2.12。

表2.12 工程机械与工业设备的液压系统工况差异

| 项目 | 工程机械液压系统 | 工业设备液压系统 |
|---|---|---|
| 液压泵类型 | 柱塞泵、齿轮泵 | 柱塞泵、齿轮泵，叶片泵 |

续表

| 项目 | 工程机械液压系统 | 工业设备液压系统 |
| --- | --- | --- |
| 压力/MPa | 20.6~41.2 | 13.7~31.4 |
| 高温使用温度/℃ | 80~100 | 不高于60 |
| 低温使用温度/℃ | 不低于-30 | 室温 |
| 油箱容积 | 小 | 大 |

由表2.12中的数据可以看出，与工业设备液压系统相比，工程机械液压系统存在以下特点：①由于工程机械在室外作业，夏季时液压系统油温较高，冬季时液压系统油温较低；②由于油箱较小，单位时间内油品在油箱内循环次数相对增加，且由于散热较差，油品更容易氧化变质。因此，工程机械液压系统用液压油的选择应注意以下几个方面：

①虽然大多数工程机械OEM对其液压系统选用了HM抗磨液压油，而根据工程机械液压系统的工况特点，可选用黏温性能和低温性能更好的L-HV、L-HS抗磨液压油。以保证工程机械液压系统在高、低温条件下正常运行。

②应选用具有更好氧化安定性的专用液压油产品，以保证其在工程机械较大的做功密度和较高的使用温度下，有较长的使用寿命。

③对于挖掘机、汽车起重机、混凝土泵车、旋挖钻机等液压系统，由于其压力均在35MPa或以上，建议选用高压抗磨液压油或工程机械专用液压油。

# 第3章 工业齿轮油基础知识

## 1 齿轮、齿轮传动是如何分类的，齿轮传动的特点是什么？

齿轮是能互相啮合的有齿的机械零件，是传动装置中的重要组件。齿轮机构用于传递运动和动力，改变运动方向和速度，可以传递任意两轴之间的运动和动力，从而传递扭矩和能量。

齿轮的分类方法很多，按齿轮的齿廓曲线分类，可分为渐开线齿轮、圆弧齿轮和摆线齿轮；按其外形分类，可分为圆柱齿轮、锥齿轮、非圆齿轮、齿条和蜗轮蜗杆；按其齿线形状分类，可分为直齿轮、斜齿轮、人字齿轮等，最常见的是圆柱、圆锥和蜗轮蜗杆三种齿轮类型。

齿轮传动是机械传动的一种重要形式，虽然存在调速困难、操作不易、结构复杂、运动惯性大、有脉冲等缺点，但作为传统的传动方式却有其不可替代的地位，迄今在工业机械设备中仍不可或缺。

齿轮传动方式主要分平面齿轮传动和空间齿轮传动两大类，其中平面齿轮传动有直齿圆柱齿轮传动、斜齿圆柱齿轮传动和人字齿轮传动；空间齿轮传动有传递相交运动的直齿、斜齿和双曲齿轮传动和传递交错轴运动的斜齿、蜗轮蜗杆和准双曲线齿轮传动。

按齿轮传动装置的工作条件分类，又可分为闭式、开式和半开式。

齿轮传动显著特点是：传动比稳定，工作可靠，效率高，寿命较长。

## 2 工业齿轮润滑油及其作用有哪些？

齿轮机构系统中的每对啮合齿面在传递动力时会相互作用，其间必然会产生摩擦。为避免在齿轮工作面之间形成直接摩擦，需要润滑剂将工作面隔开，以保持齿轮机构的工效和延长使用寿命，这种用于润滑齿轮传动装置的润滑剂就是齿轮油。

齿轮油是齿轮传递机械运动的一种润滑介质，齿轮油可分为车辆齿轮油和工业齿轮油两大类。工业齿轮油主要用于工程、采矿、冶金、船舶、轻工、农机等各种机械设备齿轮及蜗轮蜗杆传动装置的润滑。

工业齿轮油主要作用就是在齿轮表面形成可靠的油膜，防止水、灰尘、磨屑和酸性物质的侵入，起到降低摩擦、防止磨损、防腐防锈及清洗冷却等作用。

## 3 工业齿轮润滑特点和对润滑剂的要求是什么？

工业上的齿轮机构一般用于高速轻载、高速重载、低速重载三类运动和动力的传递。齿轮的曲率半径小，其表面在相对运动中不易形成油楔，两齿轮之间很难建立流体润滑状态。齿轮的润滑是间断性的，两齿轮每次啮合时，都需要重新建立油膜，形成油膜的条件较轴承相差很远。齿轮以“线”的形式接触，接触处的应力很大。啮合表面不相吻合，有滚动也有滑动，且滑动的方向和大小急剧变化。与轴承相比，一般齿面的加工精度不高，表面粗糙度较差，高负荷下，易使润滑油膜破裂，发生齿面烧伤或胶合。

工业齿轮润滑的特点：既有流体动力润滑和弹性流体润滑、又有边界润滑，多处于混合润滑的状态。

工业齿轮传动设备经常处于高温、高负荷、多水多尘、多腐蚀性介质的污染场合和连续作业等特点，变速比和齿面单位接触压力大，齿面间局部温度可高达几百摄氏度，接触状态与负荷在运动中随时发生非连续性变化，工作条件十分苛刻。同时，随着齿轮向小体积、高承载、高转速方向发展，对工业齿轮润滑剂提出了更苛刻的要求。

工业齿轮油需要具备如下性能要求：①适宜的黏度及良好的黏温性。流体动力膜和弹性流体润滑膜的形成与齿轮油黏度关系密切，油品黏度大，形成的油膜厚，抗负载能力就大，黏温性好则黏度随温度变化而变化的程度小，油膜厚薄的变化也小。同时还具有适当流动性、防止齿轮因油品阻力而发热，造成动力损失。②良好的极压抗磨性，确保在高温、高负荷下形成边界吸附膜或化学反应膜，防止齿面磨损、擦伤和胶合，确保良好的轴承保护能力。③良好的热氧化安定性，防止油品变质，确保油品和设备正常使用寿命。④良好的抗乳化性能，确保油品具有一定的分水能力，防止因水乳化变质降低润滑性。⑤良好的抗泡沫性，确保油膜稳定性和散热性，防止因泡沫引发齿轮磨损和胶合现象发生。⑥良好的防锈防腐蚀性，防止齿面腐蚀、微点蚀、锈蚀进而使油品变质，延长设备寿命。⑦良好的低温流动性能，确保油品适应更苛刻的环境温度变化，使设备工作温度范围宽域。⑧良好的橡胶密封性，确保与设备密封件相适应，不漏油。⑨环境可接受性，满足特殊领域设备使用的环保要求，油品可生物降解和低毒性。

## 4 工业齿轮油的润滑方式有哪些?

工业齿轮油的润滑方式主要有4种：

（1）油浴润滑

以齿轮箱体作为油槽，齿轮浸在油中一定的深度，油随齿轮的旋转，搅动油飞溅，油滴飞溅到各部位进行润滑。适用于速度不高的中小型齿轮箱，一般适用于齿轮节圆圆周速度3~15m/s，速度过小油难以飞溅，过大使油甩离齿面而润滑不良，且增大功率损失。

（2）循环润滑

采用单独的一套润滑系统，油通过油泵压送至齿轮箱，然后又流回油箱，不断循环，兼有润滑、冷却、冲洗齿面的作用。适用于圆周速度较高（大于12~15m/s）、功率较大的齿轮传动。

（3）油雾润滑

适用于传动精度高，传动功率不是太大的齿轮。

（4）离心润滑

在齿轮齿底钻若干径向小孔，利用齿轮旋转时离心力的作用，把油从小孔甩出，供给到齿面。有连续冲洗冷却的效果，防止高速齿轮因离心造成的齿面润滑不良，同时功率损失小，缓冲振动效果好。缺点是齿轮加工复杂，还需配套供油设施。适用于圆周速度较高又要确保安全运行的大型齿轮。

## 5 工业齿轮油是如何分类的?

我国工业齿轮油分类标准GB/T 7631.7—1995等效采用国际标准化组织ISO 6743-6—1990，共分闭式和开式两大类11个品种。

目前ISO工业齿轮油分类标准已更新到ISO 6743-6—2018版本，最新分类中将工业齿轮油品种分为18种。用于闭式齿轮的有L-CKB、CKC、CKD、CKSMP、CKE、CKTG、CKES、CKPG、CKPR、CSPG、CSPR、CTPG、CTPR共计13个品种；用于开式齿轮的CKG、CKH、CKJ、CKL、CKM共计5个品种。其中新增加了抗微点蚀的CKSMP和四种可生物降解的CKTG、CKES、CKPG、CKPR工业齿轮油，同时对合成型齿轮油进行了细分，增加了CSPG、CSPR、CTPG、CTPR四种，删掉了原L-CKT、L-CKS两个规格。这是自上一版本（ISO 6743-6—1990）28年来的首次修订，改变较大，以适应工业齿轮箱技术的发展和环保法规的要求。新分类标准组成特性、典型应用及品种变化详见表3.1。

表3.1 ISO 6743-6—2018《润滑剂、工业润滑油和相关产品（L类）分类第6部分：C组（齿轮）》：标准部分内容及变化

| 项目 | 组成和特性 | 典型应用 | ISO 6743-6—2018品种变化情况 |
|---|---|---|---|
| L-CKB | 精制矿物油，并具有抗氧化、抗腐蚀和抗泡性 | 轻负荷或中负荷下运转的齿轮 | 保留 |
| L-CKC | 提高了极压性和抗磨性的CKB齿轮油 | 保持在正常或中等恒定油温和重负荷下运转的齿轮 | 保留 |

续表

| 项目 | 组成和特性 | 典型应用 | ISO 6743-6—2018品种变化情况 |
|---|---|---|---|
| L-CKD | 提高了热氧化安定性的CKC齿轮油 | 在高的恒定油温和重负荷下运转的齿轮 | 保留 |
| L-CKSMP | 具有优异热氧化安定性、抗腐蚀性、极压抗磨性和抗微点蚀性能的矿物型、半合成型或全合成型油 | 用于高的恒定油温和重负荷下运转的齿轮 | 新增 |
| L-CKE | 具有低的摩擦系数CKB齿轮油 | 在高摩擦下运转的蜗轮 | 保留 |
| L-CKTG | 以甘油三酯及其衍生物为基础油，具有优异抗氧化、抗腐蚀和极压抗磨性能的齿轮油 | 在高摩擦下运转的蜗轮. 并要求使用环境可接受类油品，该油品具有可生物降解性能和/或低生物毒性 | 新增 |
| L-CKES | 具有优异抗氧化、抗腐蚀和极压抗磨性能的合成酯类齿轮油 | | 新增 |
| L-CKPG | 具有优异抗氧化、抗腐蚀和极压抗磨性能的聚醚类齿轮油 | 用于要求使用环境可接受类油品的齿轮设备，该油品具有可生物降解性能和／或低生物毒性 | 新增 |
| L-CKPR | 以聚α-烯烃或矿物型白油为主要组分，同时含有其他组分，如聚醚、合成烃或合成酯，并具有优异抗氧化、抗腐蚀和极压抗磨性能的齿轮油 | | 新增 |
| L-CKS | 在极低和极高温条件下使用的具有抗氧化、抗摩擦和抗腐蚀的润滑剂 | 在更低的或更高的恒定油温和轻负荷下运转的齿轮 | 新版删除品种 |
| L-CKT | 用于极低或极高温度以及重负荷下的CKS型润滑剂 | 在更低或更高油温和重负荷下运转的齿轮 | 新版删除品种 |
| L-CSPG | 用于特殊低温和高温条件下，具有优异抗氧化、腐蚀保护性能的聚醚类齿轮油 | 在更低或更高油温和轻负荷或中负荷下运转的齿轮 | 新增 |
| L-CSPR | 用于特殊低温和高温条件下，以聚α-烯烃为主要组分，具有优异抗氧化和腐蚀保护性能的齿轮油 | | 新增 |
| L-CTPG | 提升极压性能的CSPG油 | 在更低或更高油温和重负荷下运转的齿轮 | 新增 |
| L-CTPR | 提升极压性能的CSPR油 | | 新增 |
| L-CKG | 具有抗氧化、极压和抗磨性的润滑脂 | 中等速度下中负荷或重负荷下运转的齿轮 | 保留 |
| L-CKH | 具有抗腐蚀性的矿物型、半合成型或全合成型的高黏产品 | 在中等环境温度和中负荷下运转的开式齿轮 | 保留 |
| L-CKJ | 提高其极压性和抗磨性的CKH型产品 | 在中等环境温度和重负荷下运转的开式齿轮 | 保留 |

续表

| 项目 | 组成和特性 | 典型应用 | ISO 6743-6—2018品种变化情况 |
|---|---|---|---|
| L-CKL | 具有改善极压、抗磨、抗腐和热稳定性的润滑脂 | 在高的或更高环境温度和重负荷下运转的开式齿轮 | 保留 |
| L-CKM | 具有在极限负荷运行条件下改善抗擦伤咬合和抗腐蚀性的矿物型、半合成型或全合成型的高黏产品 | 用于偶尔在异常高负载下运转的开式或半封闭正齿轮和斜齿轮、直锥齿轮。产品不能喷射，手工，断断续续应用 | 保留 |

注1：关于齿轮油稳定油温或运行温度的规定：油温<-34℃为更低温、-34~-16℃为低温、-16~70℃为常温、70~100℃为中温、100~120℃高温、>120℃为更高温。

注2：关于齿轮运行工况条件的定义：中负荷是指齿轮接触压力一般低于500MPa，最大齿轮滑动速度（$V_g$）一般低于节线速度（$v$）的三分之一时的齿轮负载水平；重负荷是指齿轮中通常遇到的负荷率即负载较大，接触压力通常高于500 MPa，最大齿轮滑动速度（$V_g$）可能超过节线速度（$v$）的三分之一时的齿轮负载水平。

## 6 工业齿轮油最具代表性及最新技术规格有哪些？我国工业齿轮油标准有哪些？

工业齿轮油国际、国家、行业规格主要有：

国际标准化组织规格ISO 12925-1—2018，包括lSO 6743-6—2018最新分类标准中工业闭式齿轮油中除软脂型L-CKG之外的所有十三个品种的规格标准。

国际标准化组织规格ISO 12925-2—2020，包括lSO 6743-6—2018最新分类标准中工业开式或半开式齿轮油中的L-CKH、L-CKJ、L-CKM三个大类品种，同时还包括对CKJ类品种细分的含固体润滑剂的L-CKJ-F及可生物降解的L-CKJTG、L-CKJES、L-CKJPG、L-CKJPR产品规格标准。

美国国家与齿轮制造商协会标准ANSI/AGMA 9005-F16，包括RO抗氧防锈轻负荷型、AS抗磨重负荷型、CP含天然或合成酯的涡轮传动齿轮油三个品种性能规范。

德国标准化协会DIN 51517-2—2018（CL系列相当于ISO 6743-6分类中L-CKB）、DIN 51517-3—2018（CPL系列ISO 6743-6分类中L-CKC/L-CKD）。DIN 51517-3工业齿轮油标准在行业中认可度很高，较早地对工业齿轮油提出了橡胶相容性的要求，是欧洲很有影响的工业齿轮油规格。

原始设备制造商OEM代表性规格主要有:德国Flender AS7 300-16.1—2020；英国David Brown S1.53 101E；美国通用GM LS2规格，以Flender规格最为苛刻。

我国工业齿轮油标准主要有：GB 5903—2011《工业闭式齿轮油》，该标准非等效参考ISO 12925-1—1996和ANSI/AGMA 9005-E02制定的，分L-CKB、L-CKC、

L-CKD三个矿油型品种；NB/SH/T 0467—2010《合成工业齿轮油》，该标准参考ANSI/AGMA 9005-E02制定，分L-SCKC（合成烃型中负荷）、L-SCKD（合成烃型重负荷）、L-GCKC（聚醚型中负荷）、L-GCKD（聚醚型重负荷）四个品种。

GB/T 33640.3—2017《风力发电机组专用润滑剂 第3部分：变速箱齿轮油》标准，该标准与OEM代表性 Flender规格水平接近，是国内重负荷工业闭式齿轮油最高水平；SH/T 0094—1991《蜗轮蜗杆油》，分L-CKE（复合型）、L-CKE/P（极压型）两个品种。L-CKE标准参照美军MIL-L-15019E 6135规格制定，L-CKE/P参照美军MIL-L-18486B（OS）规格制定；SH/T 0363—1992《普通开式齿轮油》。

## 7 我国工业齿轮油主要品种有哪些?

我国工业闭式齿轮油（GB 5903—2011）主要为L-CKB抗氧防锈齿轮油、L-CKC中负荷工业齿轮油、L-CKD重负荷工业齿轮油三个品种系列。常用的L-CKC中负荷工业齿轮油分为32、46、68、100、150、220、320、460、680、1000、1500十一个黏度等级，L-CKD重负荷工业齿轮油分为68、100、150、220、320、460、680七个黏度等级（牌号）。

合成工业齿轮油（NB/SH/T 0467—2010）规格分合成烃型L-SCKC（中负荷）/L-SCKD（重负荷）和聚醚型L-GCKC（中负荷）/L-GCKD（重负荷）两大类四个品种，重负荷型的L-SCKD/L-GCKD设100、150、220、320、460、680、1000七个黏度等级，中负荷型的L-SCKC/ L-GCKC增加68号共设8个黏度等级。适用于各种工业闭式齿轮传动装置的润滑。

风力发电机组变速箱齿轮油（GB/T 33640.3-2017）只有合成型一个品种，分150、220、320三个黏度等级。

蜗轮蜗杆油（SH/T 0094—1991）分L-CKE（复合型）、L-CKE/P（极压型）两个品种系列，L-CKE主要用于铜-钢配对的圆柱和双包围等类型的承受轻负荷、传动中。平稳无冲击的蜗轮蜗杆副，包括该设备的齿轮及滑动轴承、汽缸、离合器等部件的润滑，及在潮湿环境下工作的其他机械设备的润滑，在使用过程中应防止局部过热和油温在100℃以上时长期运转。L-CKE/P主要用于铜-钢配对的圆柱型承受重负荷，传动中有振动和冲击的蜗轮蜗杆副，包括该设备的齿轮和直齿圆柱齿轮等部件的润滑，及其他机械设备的润滑。

我国目前还没有对环境可接受工业齿轮油进行分类和制定统一的技术标准，市场上都是参照国际规格按企标生产和销售。

普通开式齿轮油（SH/T 0363—1992）主要以矿物油馏分为基础油，并添加防锈等添加剂及适量沥青质而制得，按照100℃运动黏度中心值分为68、100、150、220、320五个黏度等级，主要适用于开式齿轮、链条和钢丝绳的润滑。

## 8 我国工业齿轮油性能与国际规格有哪些差异？

目前，工业齿轮箱正变得越来越小、越来越轻，但功率密度却越来越高。不断升高的油温和不断提高的轴承负荷和齿轮负荷都对现代工业齿轮油提出了越来越高的要求，因此工业齿轮油规格也以前所未有的速度不断更新换代。被视为工业齿轮油基本性能要求的行业规格如ANSI/AGMA 9005-F16、DIN 51517-3—2018、ISO 12925-1—2018等。众多齿轮箱OEM通常将部分或全部行业规格与其特有的油品性能要求相结合，从而产生更为严格的工业齿轮油性能要求，即OEM规范，如德国Flender AS7300规格等。

ISO 12925-1—2018新版工业闭式齿轮油L-CKC、L-CKD、L-CKSMP、L-CKES、L-CKPG和L-CKPR品种技术要求中新增了《润滑剂抗磨损性能的测定 FE8滚动轴承磨损试验机法 第1部分》（NB/SH/T 0944.1-2017，DIN DIN 51819-3），同时还增加了《工业齿轮油泡沫和空气释放特性的评定 FLENDER泡沫试验法》（NB/SH/T 6007—2020，ISO 12152—2012），新标准对于轴承磨损的润滑保护性能和模拟真实齿轮箱的抗泡沫性能尤为关注。

ISO 12925-2—2020工业开式和半封闭式齿轮系统齿轮油L-CKJ、L-CKJ-F、L-CKM和环境可接受的L-CKJTG、L-CKJES、L-CKJPG、L-CKJPR品种技术要求中也都新增了FE8滚动轴承磨损试验机法评定指标。

DIN 51517-3—2018《润滑剂 润滑油 第3部分：润滑油CLP的最低要求》中，ISO VG100～VG1500工业齿轮油的抗泡沫性能采用ISO 12152弗兰德泡沫试验方法进行测试，以便更为真实地反映齿轮油在齿轮箱中的实际泡沫性能；轴承磨损保护性能仍采用DIN 51819-3—2016试验方法进行测试，但试验条件从原来的“D7.5/80-80即7.5r/min、80kN、80℃ 改为D7.5/80-80或D7.5/100-80”，新增了“7.5r/min、100kN、80℃”条件可供选择，客户可根据实际工况选择合适的试验条件，若通过了FE-8 D7.5/100-80试验，可不必再测FE-8 D7.5/80-80；橡胶相容性仍然采用《硫化橡胶 耐液体测定方法》（DIN ISO 1817）进行测试，使用SRE NBR 28SX硫化丁腈橡胶，但测试结果取消了限值要求，仅要求报告，只在指导性附录中仍保留了原来的指标以供参考。

ANSI/AGMA 9005-F16替代原AGMA 9005-E02版本。其主要变化是将规格中原EP极压抗磨型油品“antiscuff/ antiwear（EP）oils”类别名称改变为“antiscuff（AS）lubricants”AS抗磨型润滑剂，该系列品种增加了FE-8轴承磨损保护性能测试（DIN

51819-3—2016），更为关注轴承的润滑保护。

德国Flender AS7300-16.1—2020标准规格，要求工业齿轮油在满足DIN51517-3—2018的基础上，通过FZG擦伤试验（A/8.3/90）、FE-8 轴承磨损试验（D-7.5/80-80）、FZG微点蚀试验、Flender抗泡沫性试验、涂层材料兼容性试验、液体密封材料的相容性试验、轴封橡胶兼容性试验（静态、动态）等。该规格对油品性能要求全面严苛，是全球公认最具代表性的工业齿轮油OEM规格。德国西门子弗兰德（Flender）集团是世界上最大的专业动力传动设备制造商，在传动设备用油方面执行严格的技术准入制度，对于使用Flender 齿轮箱的厂家都要求使用通过Flender 认证的齿轮油。

我国工业闭式齿轮油标准GB 5903—2011是参照ISO 12925-1:1996和ANSI/AGMA 9005-E02制定的；我国合成型工业齿轮油标准NB/SH/T 0467—2010是参照ANSI/AGMA 9005-D94和ANSI/AGMA 9005-E02制定的，在L-CKC、L-CKD及合成型工业齿轮油L-SCKC、L-SCKD、L-GCKC、L-GCKD性能要求中都没有FE-8 轴承磨损试验和Flender泡沫试验要求，更缺乏橡胶相容性性能要求，与国际有代表性的行业标准最新版本ISO 12925-1-2018和DIN 51517-3-2018规格水平对比有了很大差距。

我国GB/T 33640.3—2017《风力发电机组专用润滑剂 第3部分：变速箱齿轮油》适用于风力发电机组主齿轮箱、偏航减速箱、变桨减速箱齿轮传动系统的润滑，为合成型抗微点蚀齿轮油，包括150、220、320三个黏度等级，其规格水平与ISO 12925-1、DIN 51517-3相当。

我国目前还缺乏抗微点蚀的L-CKSMP及可生物降解的L-CKTG、L-CKES、L-CKPG、L-CKPR品种的技术规格，产品品种也亟待健全。

我国开式齿轮油与ISO 12925-2-2020标准相比，缺乏FZG 极压性能试验和FE-8 轴承磨损试验指标要求，质量水平亟待提高，同时也缺少环境可接受开式与半封闭式齿轮油品种。

## 9 FZG齿轮机擦伤试验条件（A/8.3/90）代表什么意思?

工业齿轮油极压抗磨性能FZG齿轮机擦伤试验是衡量油品承载能力的一个重要指标。工业齿轮油应在齿轮机高速、低速重载或冲击负荷下迅速形成边界吸附膜或化学反应膜，以防止齿面发生磨光、划痕、擦伤和胶合，FZG齿轮机擦伤试验可有效评价齿轮油的极压抗磨性能。

在GB/T 19936.1—2005及lS0 14635-1 FZG程序试验中，试验条件为：A/8.3/90，其中，A表示试验齿轮的特定齿形为A型，8.3是指小齿轮的节圆线速度为8.3m/s，90

是指试验齿轮箱的试样载荷级为5（并逐渐提高时）初始温度为90℃。

## 10 工业齿轮润滑油应用时应考虑哪些运行条件?

（1）环境温度

通常情况下，齿轮装置都会暴露在-40～55℃的环境温度下，环境温度是指紧靠齿轮传动装置周围的空气温度。暴露在阳光下或其他辐射热源下的齿轮传动装置会变得更热，因而要给予特别的考虑。

（2）油池温度

通常，矿物型齿轮润滑剂的最高允许油池温度均为95℃，合成型工业齿轮油允许的油池温度最高上限为107℃，如果齿轮制造商、油料供应商与用户之间协商一致，则对于合成油允许使用更高的温度。

（3）低温运行

齿轮箱在低温地区运行，必须保证齿轮润滑油能循环自由流动，不能产生较高的启动扭矩。一个可接受的低温齿轮油，除了满足质量标准中规定的内容外，还必须保证在预定环境温度以下应有一个最低5℃的倾点或凝点要求，要低于期望的最小环境启动温度。润滑油的黏度必须足够低以使得润滑油能自由流动，在启动温度下，但是在正常工作温度下黏度又必须足够高来承受高载荷。齿轮箱润滑的齿轮油泵应该考虑齿轮油泵可传输润滑油的最低黏度。

（4）油箱加热器

如果齿轮油的工作环境温度太低，或者不能获得适用于低温的工业齿轮油，齿轮箱必须有箱体加热装置，使得油温升高到自由循环，才能正常启动。加热器必须有恒温控制，来避免局部的高温，局部高温会导致润滑油性能的退变。

（5）高温运行

当齿轮传动装置运行在或接近许可的最高润滑油使用温度时，齿轮与轴承损坏的可能性增加了，同时，润滑油的氧化变质速度明显加快了，造成更频繁的润滑油更换。此时，须特别考虑密封件的选择（例如：腈橡胶密封件的寿命一般要从68℃时的9400h降至93℃时的3000h）。

## 11 工业齿轮油与车辆齿轮油的主要区别有哪些?

①用油的场合不同。工业齿轮油用于固定的工业设备齿轮箱润滑，车辆齿轮油用于移动的车辆驱动桥（车载齿轮箱）润滑。也就是说，后者用油的环境温度变化大，又因是流动设备，高低温黏度要求相对较高，因此车辆齿轮油有多级和单级

之分。

②黏度分类不同。车辆齿轮油的黏度等级是按美国汽车工程师协会SAE的规定分类，测定的是100℃时的运动黏度。而工业齿轮油是按照国际标准化组织ISO的规定分类，测定的是40℃时的运动黏度，因此替代须经换算。

③传动齿轮不同，中负荷、重负荷的车辆齿轮一般为双曲线齿轮，较之常为圆柱形或锥形的工业齿轮承载要求更高。因此，中负荷车辆齿轮油的承载能力相当于重负荷工业齿轮油。故相同黏度等级的中负荷车辆齿轮油可以替代重负荷工业齿轮油如GL–4 90或GL–4 85W–90可替代L–CKD 220。

④使用性能要求不同，二者在使用条件上的差异决定了其性能的不同。除了黏度、黏度指数、闪点、水分、机械杂质、铜片腐蚀、抗泡性等常规理化性能要求外，工业齿轮油注重于极压抗磨性、抗微点蚀、氧化安定性和抗乳化性能；车辆齿轮油则注重于低温性能和能否通过四个齿轮试验台架（包括L–33防锈防腐蚀台架试验，L–37低速高扭矩齿轮台架试验，L–42高速冲击负荷台架试验，L–60或L–60–1热氧化安定性与清净性台架试验。

## 12 开式工业齿轮油与闭式齿轮油有哪些区别?

①应用场合不同。工业齿轮油按照应用场合分为闭式工业齿轮油和开式工业齿轮油。顾名思义，闭式齿轮油应用在闭式齿轮箱中，如减速机；开式齿轮油适用于无齿轮箱或有半封闭式齿轮箱的低速重负荷齿轮装置，如应用在水泥、冶金、矿山等行业中的干燥机、磨碎机、球磨机组、矿山电铲等大型开式旋转设备。

②润滑方式不同。开式齿轮暴露在变化的环境条件中工作，润滑方法一般是损耗型的。开式齿轮载荷大，摩擦热也大，易使油温上升，多处在边界润滑条件下，因为当新油补充到齿面时，由于齿面压力而挤出，加上齿轮回转时离心力等的综合作用，加速油膜的破坏，润滑油必须具备高黏度或高稠度和较强的黏附性，以确保有一层连续的油膜保持在齿轮表面上。

③黏度分类及性能要求不同。闭式齿轮油黏度牌号以40℃运动黏度分类，而开式齿轮油我国是以100℃运动黏度分类的，ISO是混合分类的，超出工业润滑油黏度范畴的按100℃运动黏度分类。两者也有不同的性能要求，闭式齿轮油除去常规的理化性能要求外，特别注重极压抗磨性、氧化安定性、抗乳化性、抗泡沫性等要求；而开式齿轮油特别注重极压抗磨性和黏附性，油品中含有大量的增黏剂而具有较高黏度，借以提高其内聚性，是闭式齿轮油不具备的。

## 13 极压型工业齿轮油为什么不能用于蜗轮蜗杆设备?

极压型工业齿轮油含有硫型添加剂，在边界润滑条件下，这种添加剂能够与齿轮表面的金属元素发生化学反应从而阻止两摩擦表面的严重烧结。但是在边界润滑状态下防止金属与金属接触的同时，硫型添加剂在某些条件下具有腐蚀性，尤其是对于黄色金属，例如铜、黄铜、青铜等这些在工业蜗轮蜗杆和其他元件上常用的金属材料而言。

选择正确产品的最佳途径是对齿轮的类型、材质和操作条件有一个全面的了解，并与润滑油供应商和设备制造商进行商议。最后，根据设备的负荷、运转速度、操作温度和其他要求选择正确的润滑剂。

## 14 影响工业齿轮油的抗乳化性能的因素是什么?

工业齿轮油在使用中常常有冷却水及环境中其他形式的水及水汽混入，如果不具备将混入油中的水较迅速彻底分离的能力，则可能由于油品的乳化而使其润滑性和流动性变差，致使其他性能，如极压抗磨、防腐防锈性能遭到破坏。所谓乳化一般是指本来互不相溶的液体物质在一定条件下相混，这种相混是不均匀的，其程度取决于条件的不同。影响工业齿轮油抗乳化性的有如下几点：

（1）基础油的影响

油品的抗乳化性与基础油的精制深度相关，精制越深，油的抗乳化性越好，随着基础油黏度的增加，馏分变重，胶质、重芳烃等极性物质增多，其抗氧、抗乳化性也会下降。特别是460以上高黏度油抗乳化性，是研制及生产的关键因素。对抗乳化性要求苛刻的重负荷油必须使用深度精制的基础油。

（2）添加剂的影响

工业齿轮油所加添加剂大多属表面活性剂，都对油水界面张力产生影响，从而改变油品的抗乳化性。工业齿轮油的抗乳化性能除基础油的影响外，抗乳化剂的种类、抗乳化剂与其他添加剂之间的配伍性对其影响更大，在应用过程中，由于添加剂的降解和消耗；会使原配方中的抗乳化性能发生变化，从而降低了油品的抗乳化性。

（3）外界污染物的影响

工业齿轮油在使用过程中不可避免地要混入一些杂质，直接影响了油品的抗乳化性，灰尘飞扬，高温潮湿的恶劣生产环境往往是造成油品抗乳化性能下降的直接原因。

加入可以改变油水界面张力的抗乳化剂，是偿还由于其他剂种的加入而破坏了油品抗乳化性的重要途径，并有可能进一步提高油品抗乳化性。使用试验表明，加入50 ~ 200μg/g合适的抗乳化剂就可使工业齿轮油抗乳化性达到要求，过量加入反而无助于进一步改善油品抗乳化性能。

## 15 齿轮装置运转中，齿面出现磨损、擦伤、点蚀等现象，怎样处理？

齿轮油在使用过程中由于受到温度、负荷、操作条件的变化，以及外来物的污染等会发生变质，或者由于选油不当都会造成齿轮出现磨损、擦伤和点蚀等问题。极压抗磨性是齿轮油使用性能的主体，一旦极压抗磨剂失效或加剂量不足，都会造成齿轮装置的损坏。发生齿面磨损主要是齿轮油中的机械杂质太多或油品润滑性不够造成的。油中的颗粒杂质可能是由于齿轮箱清洗不干净而带入的金属屑或外来污染物。油品润滑性不良或选用低档油也会使齿面发生早期异常磨损。因此，要选用较高档次的油或提高油品的黏度级别来改善齿轮油的极压抗磨性。

工作温度或载荷过高都会使齿面发生烧结和擦伤，这时应尽量降低操作温度和载荷，避免在高温下超载运行。另外，如果油品的极压性不够，也会因油膜破裂而造成齿面擦伤，更不用说缺油或供油不足造成齿轮干摩擦带来的后果了。

齿面加工粗糙，局部压力过高，会发生齿面尖端点接触，造成点蚀。如果选用齿轮油黏度过低，载荷又高，还会发生重载荷下齿面滑动，造成齿面胶合。所以在重负荷下工作的齿轮面应有较高的光洁度，而且一定要选用加剂量高的高档次、高黏度齿轮油。另外在低温启动的齿轮装置，要注意齿轮油的低温流动性；在安装齿轮副，如齿面啮合不良也会造成齿面胶合。

## 16 工业齿轮油使用中温度高的原因及需注意的问题

机械设备的齿轮箱在使用时，有时会出现油温异常的情况。温度偏高的原因和需注意的几个方面如下：

①齿轮磨合问题。新装的齿轮箱，由于需要一定的磨合时间，设备尚未进入正常的磨损阶段，出现磨损较大，引起齿面温度升高，这种温升是设备正常运行必经的阶段。因而新齿轮箱的首次换油期较短，通过换油将冲洗下来的磨料带出。

②负载过高、选油不当问题。重载、冲击负荷、黏度级别偏小，会导致油膜破裂，齿面出现点蚀、磨损等润滑失效倾向，齿轮副之间的摩擦、磨损较大，引起齿面温度升高。齿轮油黏度宜高不宜低，但所选齿轮油黏度过大，会引起散热困难，增加动力损耗，也会导致温度升高。因此，需综合考虑正确选用合适的黏度及合适

质量等级的齿轮油，并根据载荷情况尽量选用承载性能更优的齿轮油。

③油位是否过高。加油量过多，油位过高增加了搅拌热，齿轮正常的散热受到影响，油温与齿面温度会同步上升，此时应降低油位。润滑油供油不足时，磨损增加，齿面温度也会升高，加油量过多或过少都会影响散热效果。因此，需按设备要求注入适宜量的润滑油，首次注入时还需在运行初期密切观察油位直到稳定为止。

④油品综合质量性能提升不够。对环境温差大，运行条件和要求苛刻的重负荷大型减速箱或齿轮联轴节等齿轮传动装置，选择合成型齿轮油不仅可减轻油温升高的情况，还可延长油品和设备使用寿命，降低设备保养费用。

## 17 齿轮油黏度发生明显变化时怎么办?

齿轮油在工作时被激烈搅动，在与空气、金属、杂质等接触中，在温度较高的情况下，容易氧化变质，油中油泥逐渐增多，黏度则明显变大。当黏度超过一定限度（通常15%），就应换油。因此，一定要选择氧化安定性好的油品，不要图便宜，购买低档油。在使用过程中要避免部件过热，防止油中轻组分过快蒸发。有的高相度油品加有增稠剂，在使用中增黏剂受高剪切应力的作用发生高分子断链，造成黏度变小，因此还需考虑油品的剪切安定性。一旦发生油的黏度明显降低，应及时换油，或补加原用油相同级别的油。

## 18 工业齿轮油在使用中应注意什么?

工业齿轮油使用中的注意事项包括: ①加强产品收货检查。如产品合格证、生产日期、包装等。②运输、贮存中避免靠近火源和高温、避免水分、灰尘及机械杂质混入。③采用正确的润滑方式。④首次加油前，要对油箱及管路彻底清洗，用所选定的油品置换干净，按规定加油。⑤油量减少时，按规定补油，严防混油。⑥执行三级过滤等行之有效的制度，尽量避免水分、灰尘等杂质混入润滑系统。⑦加强监测，定期取样，按时或按质换油。

## 19 工业齿轮油的选用主要应考虑哪些因素?

①温度　低温选黏度号小的稀油，高温选黏度号大的稠油；同时还须考虑齿轮油的倾点应比环境温度低3～5℃。

②速度　齿轮转速快的选黏度号小的稀油，转速慢的选黏度号大的稠油。

③载荷　稠油更能抵御重载荷及冲击载荷。除了黏稠的油，加有极压添加剂的油可以在同等的黏度下为齿轮提供更好的保护，例如L-CKD重负荷工业齿轮油。

④齿轮类型　直齿、斜齿、人字齿、伞齿轮在转动时，容易形成液体油膜避免金属的直接接触；蜗轮蜗杆和双曲线齿轮转动时侧向滑动大，不利于维持液体油膜，尤其在高载荷下，必须选择高黏度、油性大、加有极压添加剂的油，例如蜗轮蜗杆油和大黏度L-CKD类型的齿轮油。

⑤水分污染　有可能进水的齿轮箱要选择具有良好分水性能的L-CKD类型的齿轮油。

具体的黏度牌号和换油期要参照设备说明书中的润滑油推荐，中、重载荷的齿轮润滑常用的黏度牌号有：150#、220#、320#、460#。对于换油不方便的地方，可考虑使用全合成型工业齿轮油以延长换油期。

## 20 工业闭式齿轮油黏度等级如何选择推荐?

根据ANSI/AGMA 6013-B16工业用封闭式齿轮传动装置技术规范，工业闭式齿轮油黏度等级选择推荐主要参考温度和末级齿轮节圆圆周速度两个因素，详见表3.2。

表3.2　工业闭式齿轮油黏度等级选择推荐

| 温度 | | ISO黏度等级 | | | | | | |
|---|---|---|---|---|---|---|---|---|
| | | 末级齿轮节线速度/（ft/min）/（m/s） | | | | | | |
| 油温/ ℉/℃ | 环境/ ℉/℃ | <1000（ft/min） | 1000 ~ 2000（m/s） | 2000 ~ 3000（m/s） | 3000 ~ 4000（m/s） | 4000 ~ 5000（m/s） | 5000 ~ 6000（m/s） | 6000 ~ 7000（m/s） |
| | | <5.08（m/s） | 5.08 ~ 10.16 | 10.16 ~ 15.24 | 15.24 ~ 20.32 | 20.32 ~ 25.40 | 25.40 ~ 30.48 | 30.48 ~ 35.56 |
| <60/<15.5 | -40 ~ -10/-40.0 ~ 23.3 | 68 | 68 | 46 | 46 | 46 | 32 | 32 |
| 60 ~ 90/15.5 ~ 32.2 | -10 ~ 20/-23.3 ~ -6.67 | 100 | 100 | 68 | 68 | 46 | 32 | 32 |
| 90 ~ 150/32.2 ~ 65.6 | 20 ~ 40/-6.67 ~ 4.44 | 150 | 150 | 150 | 68 | 68 | 68 | 46 |
| 150 ~ 190/65.6 ~ 87.8 | 40 ~ 80/4.44 ~ 26.7 | 320 | 220 | 220 | 150 | 100 | 100 | 100 |
| 190 ~ 210/87.8 ~ 98.9 | 80 ~ 120/26.7 ~ 48.9 | 460 | 460 | 320 | 320 | 220 | 150 | 100 |
| >210/>98.9 | >120/>48.9 | 根据齿轮制造商推荐 | | | | | | |

注：（1）以上列出的黏度等级推荐主要针对为R&O抗氧防锈类工业齿轮油。具有极压抗磨剂或合成型齿轮润滑油等级黏度推荐，如果齿轮传动制造商认为可以接受，黏度等级可以参考替换。

（2）环境温度和油温不在表的同一行，请参照使用油温。

（3）在低温和高温极端情况下，正常的矿物油基润滑油可能无法保持其黏度，太厚而不能正常流动，或太薄而不能保持足够的膜厚。混合或边界润滑可能需要PAO，PAG，或酯等合成型齿轮油。因此，用户应咨询齿轮传动制造商，以确保兼容性。

（4）操作条件的变化，如温升，负载和速度，可能需要使用高一级或低一级润滑油。具体建议请联系齿轮传动制造商。

（5）对带有湿式离合器或超速离合器组合作为支撑装置的驱动器应参照齿轮制造商建议，因为某些类型的润滑油可能会对离合器性能产生不利影响。

（6）在极端的上、下节线速度范围，应特别考虑所有驱动器部件，包括轴承和密封，以确保其适当的性能。

根据美国工业齿轮润滑ANSI/AGMA 9005-F16 附录B工业齿轮油黏度等级选择指南，针对正齿轮、斜齿轮和锥齿轮中所用的不同黏度指数齿轮油，根据操作温度和齿轮节线速度进行了齿轮油黏度推荐，同时对封闭式圆柱蜗杆传动和封闭式球面蜗杆传动也进行了黏度等级推荐。详见表3.3 ~ 表3.8。

表3.3　齿轮油黏度指数为90时，在不同操作温度条件下用于正齿轮、斜齿轮和伞齿轮的齿轮油黏度等级推荐

| 操作温度/℃ | 节线速度/（m/s） | | | | | | | |
|---|---|---|---|---|---|---|---|---|
| | 1.0~2.5 | 2.5 | 5.0 | 10.0 | 15.0 | 20.0 | 25.0 | 30.0 |
| 10 | 32 | | | | | | | |
| 15 | 46 | 32 | | | | | | |
| 20 | 68 | 46 | 32 | | | | | |
| 25 | 68 | 46 | 32 | | | | | |
| 30 | 100 | 68 | 46 | 32 | | | | |
| 35 | 100 | 100 | 68 | 46 | 32 | | | |
| 40 | 150 | 100 | 68 | 46 | 32 | 32 | 32 | |
| 45 | 220 | 150 | 100 | 68 | 46 | 46 | 46 | 32 |
| 50 | 320 | 220 | 150 | 100 | 46 | 46 | 46 | 32 |
| 55 | 460 | 220 | 150 | 100 | 68 | 68 | 68 | 46 |
| 60 | 460 | 320 | 220 | 150 | 68 | 68 | 68 | 46 |
| 65 | 680 | 460 | 320 | 220 | 150 | 100 | 100 | 68 |
| 70 | 1000 | 680 | 320 | 220 | 150 | 100 | 100 | 68 |
| 75 | 1500 | 680 | 460 | 320 | 220 | 150 | 150 | 100 |
| 80 | 2200 | 1000 | 680 | 460 | 220 | 220 | 220 | 150 |
| 85 | 3200 | 1500 | 1000 | 460 | 320 | 220 | 220 | 150 |
| 90 | 3200 | 2200 | 1000 | 680 | 460 | 320 | 320 | 220 |
| 95 | | 3200 | 1500 | 1000 | 460 | 460 | 320 | 220 |
| 100 | | 3200 | 2200 | 1000 | 680 | 460 | 460 | 320 |

注：（1）操作温度60℃及以下时，选用46及以下有黏度等级和操作温度70℃及以上时，选用1000及以上黏度等级时，请咨询齿轮，轴承和润滑剂供应商；

除操作温度在65℃左右以外的操作温度，选择68~680黏度等级时，需核查预期冷启动，峰值工作温度，工作时间和负载范围；

操作温度在65℃左右，选择黏度等级时需要稳定的齿轮油操作温度和轴承润滑要求基准线。

其他空白区域：选择在操作温度范围内最适合稳定预期的齿轮油黏度等级。

（2）此表假设润滑油在预期换油间隔内保持其黏度特性。如果不适用，请咨询润滑剂供应商。

（3）确定所有齿轮组的节线速度，对于临界条件下齿轮组润滑油黏度等级选择的关键是考虑其冷启动条件。

（4）对于节线速度大于30m/s参见ANSI/AGMA 6011。

黏度指数VI为90的润滑油，通常为以矿物油为基础的齿轮润滑油，适用于环境温度和操作油底壳温度相对恒定的环境。除非通过其他方法控制油底壳温度，否则不同的启动温度、间歇操作或两者都需要黏度指数VI更高的油品。

表3.4 齿轮油黏度指数为120时，在不同操作温度条件下用于正齿轮、斜齿轮和伞齿轮的齿轮油黏度等级推荐

| 操作温度/℃ | 节线速度/（m/s） | | | | | | | |
|---|---|---|---|---|---|---|---|---|
| | 1.0~2.5 | 2.5 | 5.0 | 10.0 | 15.0 | 20.0 | 25.0 | 30.0 |
| 10 | 32 | | | | | | | |
| 15 | 46 | 32 | | | | | | |
| 20 | 68 | 46 | 32 | | | | | |
| 25 | 68 | 46 | 32 | 32 | | | | |
| 30 | 100 | 68 | 46 | 32 | | | | |
| 35 | 150 | 100 | 68 | 46 | 32 | | | |
| 40 | 150 | 100 | 68 | 46 | 32 | 32 | 32 | |
| 45 | 220 | 150 | 100 | 68 | 46 | 46 | 32 | 32 |
| 50 | 320 | 220 | 100 | 100 | 68 | 46 | 46 | 46 |
| 55 | 320 | 220 | 150 | 100 | 68 | 68 | 46 | 46 |
| 60 | 460 | 320 | 220 | 150 | 68 | 68 | 68 | 46 |
| 65 | 680 | 460 | 320 | 150 | 100 | 100 | 100 | 68 |
| 70 | 1000 | 460 | 320 | 220 | 150 | 150 | 100 | 68 |
| 75 | 1000 | 680 | 460 | 220 | 150 | 150 | 150 | 100 |
| 80 | 1500 | 1000 | 460 | 320 | 220 | 220 | 150 | 100 |
| 85 | 2200 | 1000 | 680 | 460 | 220 | 220 | 220 | 100 |
| 90 | 2200 | 1500 | 1000 | 460 | 320 | 320 | 220 | 150 |
| 95 | 3200 | 2200 | 1000 | 680 | 320 | 320 | 320 | 220 |
| 100 | | 2200 | 1500 | 680 | 460 | 460 | 320 | 220 |

注：黏度指数VI为120的齿轮油，为典型的矿物油/PAO混合齿轮润滑油，适用的启动温度范围或操作温度更广泛，或两者兼有。除非油底壳温度用其他方法控制，启动温度广泛或变化大的通常需要较高黏度指数的油品。

表3.5 齿轮油黏度指数为160时，在不同操作温度条件下用于正齿轮、斜齿轮和伞齿轮的齿轮油黏度等级推荐

| 操作温度/℃ | 节线速度/（m/s） | | | | | | | |
|---|---|---|---|---|---|---|---|---|
| | 1.0~2.5 | 2.5 | 5.0 | 10.0 | 15.0 | 20.0 | 25.0 | 30.0 |
| 10 | 32 | 32 | | | | | | |
| 15 | 46 | 32 | 32 | | | | | |
| 20 | 68 | 46 | 32 | | | | | |
| 25 | 68 | 46 | 32 | 32 | | | | |

续表

| 操作温度/℃ | 节线速度/（m/s） | | | | | | | |
|---|---|---|---|---|---|---|---|---|
| | 1.0~2.5 | 2.5 | 5.0 | 10.0 | 15.0 | 20.0 | 25.0 | 30.0 |
| 30 | 100 | 68 | 46 | 32 | | | | |
| 35 | 150 | 100 | 68 | 46 | 32 | | | |
| 40 | 150 | 100 | 68 | 46 | 32 | 32 | 32 | |
| 45 | 220 | 150 | 100 | 68 | 46 | 46 | 32 | |
| 50 | 220 | 150 | 100 | 68 | 46 | 46 | 46 | 32 |
| 55 | 320 | 220 | 150 | 100 | 68 | 68 | 46 | 32 |
| 60 | 460 | 220 | 150 | 100 | 68 | 68 | 68 | 46 |
| 65 | 460 | 320 | 220 | 150 | 100 | 100 | 68 | 46 |
| 70 | 680 | 460 | 220 | 150 | 100 | 100 | 100 | 68 |
| 75 | 680 | 460 | 320 | 220 | 150 | 150 | 100 | 68 |
| 80 | 1000 | 680 | 320 | 220 | 150 | 150 | 150 | 100 |
| 85 | 1500 | 680 | 460 | 320 | 220 | 220 | 150 | 100 |
| 90 | 1500 | 1000 | 680 | 320 | 220 | 220 | 220 | 150 |
| 95 | 2200 | 1500 | 680 | 460 | 320 | 220 | 220 | 150 |
| 100 | 3200 | 1500 | 1000 | 460 | 320 | 320 | 220 | 150 |

注：黏度指数VI为160的齿轮油，为典型的PAO型齿轮润滑油，适用的启动和操作温度范围更广泛。除非油底壳温度用其他方法控制，启动温度和操作温度极端苛刻和变化的通常需要高黏度指数的油品。

表3.6　齿轮油黏度指数为240时，在不同操作温度条件下用于正齿轮、斜齿轮和伞齿轮的齿轮油黏度等级推荐

| 操作温度/℃ | 节线速度/（m/s） | | | | | | | |
|---|---|---|---|---|---|---|---|---|
| | 1.0~2.5 | 2.5 | 5.0 | 10.0 | 15.0 | 20.0 | 25.0 | 30.0 |
| 10 | 46 | 46 | | | | | | |
| 15 | 68 | 46 | 32 | | | | | |
| 20 | 68 | 68 | 32 | 32 | | | | |
| 25 | 100 | 68 | 32 | 32 | | | | |
| 30 | 100 | 68 | 32 | 32 | 32 | | | |
| 35 | 150 | 68 | 68 | 46 | 32 | 32 | | |
| 40 | 150 | 100 | 68 | 46 | 32 | 32 | 32 | |
| 45 | 220 | 100 | 100 | 68 | 46 | 32 | 32 | |
| 50 | 220 | 100 | 100 | 68 | 46 | 46 | 46 | 32 |
| 55 | 320 | 150 | 150 | 100 | 68 | 46 | 46 | 32 |

续表

| 操作温度/℃ | 节线速度/（m/s） | | | | | | | |
|---|---|---|---|---|---|---|---|---|
| | 1.0~2.5 | 2.5 | 5.0 | 10.0 | 15.0 | 20.0 | 25.0 | 30.0 |
| 60 | 320 | 150 | 150 | 100 | 68 | 68 | 46 | 46 |
| 65 | 460 | 220 | 150 | 100 | 100 | 68 | 68 | 46 |
| 70 | 460 | 320 | 220 | 150 | 100 | 68 | 68 | 46 |
| 75 | 680 | 320 | 220 | 150 | 100 | 100 | 68 | 68 |
| 80 | 680 | 460 | 220 | 150 | 100 | 100 | 100 | 68 |
| 85 | 1000 | 460 | 320 | 220 | 150 | 100 | 100 | 68 |
| 90 | 1000 | 680 | 320 | 220 | 150 | 150 | 100 | 100 |
| 95 | 1000 | 680 | 460 | 320 | 150 | 150 | 150 | 100 |
| 100 | 1500 | 1000 | 460 | 320 | 220 | 150 | 150 | 100 |

注：黏度指数VI为240的齿轮油，通常为PAG型齿轮润滑油，适用于启动温度和操作温度极端变化情况。即便如此，油底壳如果温度太低，可能需要用其他方法来控制，如果温度太低妨碍油品正常流动，温度过高会损坏齿轮箱其他部件。

### 表3.7　封闭式圆柱蜗杆传动用齿轮油ISO黏度等级指南

| 最后减速段的节线速度/（m/s） | ISO黏度等级 | | |
|---|---|---|---|
| | 环境温度/℃ | | |
| | −40～−10 | −10～10 | 10～55 |
| ＜2.25 | 220 | 460 | 680 |
| ≥2.25 | 220 | 460 | 460 |

注（1）对于温度超出上述限制，或速度超过2400r/min或滑动速度超过10m/s的应用，应由制造商解决。一般来说，对于更高的速度，需要增压润滑系统，并根据推荐的黏度等级进行调整。

（2）本表适用于黏度指数为100及以下的润滑剂。对于黏度指数大于100的润滑油，可以适用更宽的温度范围。请咨询润滑剂供应商。

### 表3.8　封闭式球面蜗杆传动用齿轮油ISO黏度等级指南

| 最终减速阶段中心距离/mm | 蜗杆最终减速阶段的速度/（r/min） | ISO黏度等级 | | | |
|---|---|---|---|---|---|
| | | 环境温度/℃ | | | |
| | | −40～−10 | −10～10 | 10～35 | 35～55 |
| ＜305 | ＜300 | 460 | 680 | 1000 | 1500 |
| | 300～610 | 320 | 460 | 680 | 1000 |
| | ＞610 | 220 | 320 | 460 | 680 |

续表

| 最终减速阶段中心距离/mm | 蜗杆最终减速阶段的速度/（r/min） | ISO黏度等级 | | | |
|---|---|---|---|---|---|
| | | 环境温度/℃ | | | |
| | | -40～-10 | -10～10 | 10～35 | 35～55 |
| 305～610 | <300 | 460 | 680 | 1000 | 1500 |
| | 300～500 | 320 | 460 | 680 | 1000 |
| | >500 | 220 | 320 | 460 | 680 |
| >610 | <300 | 460 | 680 | 1000 | 1500 |
| | 300～600 | 320 | 460 | 680 | 1000 |
| | >600 | 220 | 320 | 460 | 680 |

注：（1）对于温度超出上述限制，或速度超过2400r/min或滑动速度超过10m/s的应用，应由制造商解决。一般来说，对于更高的速度，需要增压润滑系统，并根据推荐的黏度等级进行调整。

（2）本表适用于黏度指数为100及以下的润滑剂。对于黏度指数大于100的润滑油，可以适用更宽的温度范围，咨询润滑剂供应商。

## 21 风机设备对齿轮油的性能要求？

（1）微点蚀保护问题　为了最大限度减少塔身上部重量，变速箱采用紧凑设计，包括齿轮的表面硬化设计。但经表面硬化处理（如渗碳、氮化、感应和火焰淬火）后的齿轮在复杂的气候条件和运行负荷下极易受到微点蚀（micropitting）的影响。选用的齿轮润滑油脂必须具有防止此类磨损的功能。

（2）润滑油抗磨损性能　滑行齿面间的材料移动造成磨损。当齿轮油的油膜厚度不足时，齿轮间的金属部件直接接触，磨损将一直持续以致不得不提早更换齿轮。常以FZG磨损测试（DIN51354-2）方法测试润滑油的抗擦伤和抗磨损性能，以其失效级数（FLS）表示润滑油的抗磨损效能。风机变速箱中的齿轮润滑油要求失效级数大于14。

（3）润滑油黏度指数　风力发电机的运行环境非常恶劣，昼夜轮转、寒暑交替，环境温度或低至-45℃或高达80℃。经得住温度剧烈变化的润滑油必须具有相当高的黏度指数。

（4）润滑油过滤性能和清洁能力　保持齿轮油清洁可以大大延长零部件的使用寿命，因此，对主变速箱中的齿轮油有着严格的清洁度要求。齿轮油的过滤性是指在实际运行条件下，齿轮油通过过滤器并且不堵过滤器的能力。

（5）润滑油耐水性　变速箱中的油不允许混入水分。但是，由于风机本身的运行特点，要使风机里的油和水完全分离几乎是不可能的。当叶片在旋转时，变速箱运行温度高达80℃，而当叶片停止旋转时，变速箱冷却下来并从空气中吸取水分或湿气。由此，水分难免会进入变速箱。耐水性差的齿轮油会因水分的进入产生油泥和水解，从而导致设备故障。



## 22 工业齿轮微点蚀及其危害有哪些？影响因素、解决办法及评定方法是什么？

（1）定义　微点蚀（micro-pitting）是齿轮常见的一种疲劳现象。微点蚀一般发生在边界润滑状态下滚动/滑动接触的齿轮上，表现为在靠近齿轮表面产生微小裂缝。这些裂缝以一定角度向表面发展，形成5~10μm深的微坑。

（2）形成原因　通常认为在齿轮啮合过程中，由于两齿面微凸体直接接触，并在较高的接触及剪切应力和相对摩擦作用下，导致齿面局部温度升高，油膜或化学反应膜破裂，进而产生复杂的弹塑性变形，在此过程中产生了齿轮表面的微小裂纹和材料转移，形成微点蚀现象。

（3）危害　微点蚀会对零件的耐久性有着不利的影响。由它产生的损伤可引起显著的材料损失，进而导致齿面轮廓的变化。当齿面出现微点蚀时，齿面轮廓的变化使得载荷集中于较小的区域，从而影响齿轮在通过啮合点时的传动精度。这会导致振动、噪声、错位，并增加疲劳失效的机会，更严重的情况下可导致齿轮轮齿断裂；此外，微点蚀还会导致显著的齿轮轮齿磨损即点蚀；同时当齿轮磨损时，磨损的金属颗粒成为润滑油中的污染物。这些颗粒在变速箱中循环，挤压在齿轮的工作表面上。经过交替负荷循环形成“碎痕”，从而导致齿面碎裂；由于碎痕和随后的疲劳失效，微点蚀产生的金属颗粒会进出轴承表面，缩短其使用寿命，碎屑还会引起密封件的磨蚀损坏，导致泄漏和开式齿轮传动中的污染物侵入。

微点蚀问题在风力发电行业中尤为重要，它会影响齿牙的准确性，导致噪声增加和引起振动，从而减少齿轮的使用寿命。

（4）影响因素　大量的试验研究表明，微点蚀主要受材料特性、表面形貌、载荷、滑滚比、温度及润滑油的影响。

（5）油品解决办法　增强油品的极压抗磨性能和抗腐蚀性能，降低齿轮油摩擦系数，可以提高其抗微点蚀性能，含磷极压抗磨剂可有效提高齿轮抗微点蚀性能。

（6）评定方法　抗微点蚀性能评定方法为NB/SH/T 0922—2016《润滑油抗微点蚀性能的测定 FZG法》，主要参照德国传动技术研究协会标准FVA 54 Ⅰ-Ⅳ方法，微点蚀试验采用的齿轮为“C-GF”类型，这一点不同于FZG齿轮载荷能力测试，其在测试中用的是“A”型齿轮。

## 23 大型开式齿轮润滑特点和注意事项有哪些?

大型开式齿轮是原材料加工工业中常见的传动方式，广泛应用于水泥、矿山、电厂、钢铁、化工、造纸等行业的大型设备，如回转窑、管磨机、烧结窑、棒磨机、磨煤机、干燥机、造粒机、鼓式碎浆机、烘干炉等。

开式齿轮传动的主要特征为：重载、低速、结构尺寸较大，而且齿面粗糙度较高，工作条件苛刻（如灰尘、高温、冲击载荷等）。整个开式齿轮可以传递很高的力矩，在启动、正常运转、停机期间通常处于混合摩擦状态，因而齿面承受极高的应力。因此，对于开式齿轮必须采用合适的润滑剂和合理的润滑方法，有效的润滑保护，可以延长齿轮使用寿命，减少备件损耗、停机损失，提高设备的作业稳定性。

开式齿轮的润滑好坏，与润滑剂的选择、使用情况，齿轮的设计、加工、材质，设备的安装情况等密切相关。各种开式齿轮润滑剂的使用方法也不相同，包括涂抹、油浴、喷雾等形式，因此要注意润滑剂的选型和应用，才能避免出现问题。

第一次使用开式齿轮润滑剂产品时，最好对齿轮装置进行彻底清洗，使开式齿轮润滑剂能够在润滑表面上形成完好的润滑油膜。为了最大限度地减少磨损，设备操作人员应设定好相应的施用/换油时间间隔。

## 24 大型开式齿轮油产品性能特点及产品类型有哪些?

开式齿轮传动的工况特点决定了所使用的润滑剂必须是黏附性极强的高黏度产品，同时还必须具有下述性能：

（1）工作温度范围宽，在冬、夏季均有很好的黏附性。以确保有一层连续的油膜保持在齿轮表面上，夏季不易甩落和损耗，同时要避免冬季在齿轮齿根部位出现堆积、其他部位润滑不足的现象发生。

（2）含有一定比例的固体润滑剂（石墨，二硫化钼）和EP（极压）添加剂，具有极高的承载能力，高的抗磨损和抗极压性能，确保在振动载荷的情况下能保持稳定的润滑保护能力，防止金属与金属之间的直接接触。

（3）具备一定的油膜强度，可降低齿轮接触区的温度，能减弱冲击负荷对齿面的影响，减少齿轮表面点蚀和爬行问题。

（4）具有良好的可喷雾性，对依靠自动润滑系统的喷射系统，可防止系统堵塞造成润滑事故。或具有良好的流动性能，满足依靠齿轮或带油轮将润滑剂带入啮合部位的油池润滑方式。

（5）不含重金属铅或可挥发性溶剂，避免对环境和操作人员造成危害，同时避免润滑剂和润滑系统发生火灾的可能，实现现场环境友好管理。

开式齿轮润滑剂产品主要有以下几种类型：

（1）聚合物型开式齿轮润滑剂（L–CKH、L–CKM） 采用高黏度矿物型基础油、半合成或合成型基础油，同时使用聚合物稠化，配以优异的复合添加剂和固体润滑材料，提高油品的油膜厚度和边界润滑保护。产品特点：①不会在齿轮齿根部位发生堆积现象，在高冲击负荷下，油膜不会破裂；②由于基础油和聚合物不会产生分离现象，可以保障长期稳定使用。L–CKM为强化抗腐蚀和抗擦伤咬合性，加有固体润滑剂，可偶尔在极端负荷下应用的高黏度矿物型、半合成或合成型产品，用于开式或半封闭正齿轮和斜齿轮、直锥齿轮的润滑。产品不能喷射。

（2）高黏度合成型产品（L–CKJ、L－CKJ–F） 采用非常高黏度的合成型基础油，如PAO和多元醇酯，配合极压抗磨剂、防锈抗腐蚀剂调合而成，也可加入部分固体润滑材料，该类产品具有非常好的抗氧化性、热稳定性，卓越的低温流动性。此类产品价格高，目前只适用于特殊场合。L－CKJ–F为含有少量固体润滑剂的L–CKJ。

（3）半流体润滑脂型产品（L–CKL） 采用高黏度基础油、二硫化钼、石墨和抗极高压添加剂精制而成的具有半流动性的润滑脂，不含对环境和人体有害的溶剂。产品特点：①在很宽的温度范围内都能保持适中的稠度，具有优异的黏附特性、良好的防锈能力，而且，即使在高压下也具有较强的耐水能力。②选择合适的锥入度级别，可适用于自动喷雾装置，满足现代化润滑需求。③此类产品通常具有良好的极压抗磨性、黏附性、抗水性和抗氧化性能，是目前市场应用最广的一类产品。

（4）环保型开式齿轮油（L－CKJTG甘油三酯型、L－CKJES合成酯型、L－CKJPG聚醇型、L－CKJPR聚烯烃型） 分别采用甘油三酯型、合成酯型、聚醇型、聚烯烃型基础油与配合极压抗磨剂、防锈抗腐蚀剂调和而成，在L–CKJ类产品基础上，同时满足环境友好润滑油的生物降解率大于60%，及相关生态毒性半致死量（$LD_{50}$）或浓度（$LC_{50}$）大于100mg/L标准要求。

## 25 大型开式齿轮润滑油黏度牌号与润滑方式的选择

正确选用开式齿轮润滑剂黏度牌号及润滑方式，对于开式齿轮传动装置降低磨损、无损伤运转及延长齿轮寿命来说非常重要。开式齿轮润滑剂的选用要考虑很多因素，包括工作齿面的载荷、齿轮转速、齿面温度及设备的状态，同时还必须考虑外部环境的影响，诸如粉尘污染、湿度、极低或极高的温度；在某些情况下，润滑剂能否生物降解也很重要。

（1）开式齿轮润滑剂的黏度分类

ISO 12925-2:2020（E）中对开式齿轮润滑各类产品的黏度进行了统一规范，详见表3.9、表3.10。

表3.9　ISO 12925-2:2020（E）开式齿轮油黏度分类

| 等级 | 运动黏度（40℃）/（$mm^2/s$） | | 运动黏度（100℃）/（$mm^2/s$） | |
|---|---|---|---|---|
| | 最小 | 最大 | 最小 | 最大 |
| 2200（ISO 3448） | 1980 | 2420 | | |
| 3200（ISO 3448） | 2880 | 3520 | | |
| 1 | 4140 | 5060 | | |
| 2 | 6120 | 7480 | | |
| 3 | | | 200 | 400 |
| 4 | | | 400 | 800 |
| 5 | | | 800 | |

表3.10　ANSI/AGMA 9005-E02/F16开式齿轮油之前的黏度分类

| AGMA 2009齿轮油分类 | | | 黏度范围（40℃）/（$mm^2/s$） | 对应的ISO黏度等级 |
|---|---|---|---|---|
| 极压型 | 合成型 | 残渣型 | | |
| 8A EP | | | 900~1100 | 1000 |
| 9EP | 9S | | 1350~1650 | 1500 |
| 10EP | 10S | | 2880~3520 | |
| 11EP | 11S | | 4140~5060 | |
| 12EP | 12S | | 6120~7460 | |
| 13EP | 13S | | 190~220（100℃） | |
| | | 14R | 428.5~857.0（100℃） | |
| | | 15R | 857.0~1714.0（100℃） | |

（2）开式齿轮润滑剂黏度的选择

对于开式齿轮润滑剂黏度的选择，ANSI/AGMA 9005-E02/F16附录D中给出了开式齿轮油连续润滑和间歇润滑的润滑剂最低黏度推荐，详见表3.11；节线速度小于7.5m/s时间断喷雾润滑（包括非残留型润滑剂、未稀释的残留型润滑剂）和重力填注或强制滴注型润滑的开式齿轮油最低黏度推荐，详见表3.12。

表3.11 开式齿轮传动连续润滑的润滑剂最低黏度推荐

| 环境温度/℃ | 操作类型 | 飞溅式喷射润滑 | | 压力润滑 | | 惰浸润滑 |
|---|---|---|---|---|---|---|
| | | 节线速度/（m/s） | | | | |
| | | $v_t<5$ | $v_t\geq5$ | $v_t<5$ | $v_t\geq5$ | $v_t\leq2$ |
| -10～10 | 连续运行 | 220 | 150 | 220 | 150 | 680～1500 |
| | 换向或启停 | 460 | 320 | 220 | 150 | 680～1500 |
| 10～30 | 连续运行 | 460 | 320 | 460 | 320 | 1500～2200 |
| | 换向或启停 | 1500 | 680～1000 | 460 | 320 | 1500～2200 |
| 30～50 | 连续运行 | 2200 | 1500 | 460 | 320 | 4600 |
| | 换向或启停 | 2200 | 1500 | 460 | 320 | 4600 |

注：节线速度=［节圆直径（毫米）×r/min］÷19098=m/s

表3.12 开式齿轮传动间歇（间断）润滑（$v_t$<7.5m/s）的润滑剂最低黏度推荐

| 环境温度/℃ | 间歇喷雾（间断机械喷射） | | 重力填注或强制滴注润滑 |
|---|---|---|---|
| | 非残留型润滑剂 | 残留型润滑剂（未稀释） | |
| -10～5 | 4140mm²/s（40℃） | 428.5mm²/s（100℃） | 4140mm²/s（40℃） |
| 5～20 | 6120mm²/s（40℃） | 857mm²/s（100℃） | 6120mm²/s（40℃） |
| 20～50 | 190mm²/s（40℃） | 857mm²/s（100℃） | 190mm²/s（40℃） |

（3）开式齿轮润滑方式的选择

开式齿轮的润滑方式主要有油池润滑、涂抹润滑及自动喷雾润滑等方式，按照润滑特点则可分为连续润滑和间隔润滑。

油池润滑是以往常见的开式齿轮润滑方式，所使用的油品属于全损耗型，具有投资少、操作简单的特点。

自动喷雾润滑则是人们为提高润滑效果和设备运转可靠性而设计的新的开式齿轮润滑方式。开式齿轮的自动喷雾润滑装置的整个系统由喷洒、控制、油泵三大模块组成，其基本工作原理是：控制系统定时通过油泵将润滑剂送至喷嘴，润滑剂与空气在喷嘴处混合后雾化喷到齿轮工作面。关于喷嘴喷油的位置，目前存在对准小齿轮齿面和对准大齿轮齿面两种方式，目的都是使齿轮表面一直使用新鲜的润滑剂，从而最大限度地发挥润滑剂的性能。

如果选用喷雾润滑装置，必须注意润滑剂的用量。规定的润滑剂最小用量直接取决于运转条件，低于最小用量则增加了齿面磨蚀和损伤的危险，有可能急剧降低设备的额定使用寿命。部分润滑监测公司通过振动检测、红外热成像仪、闪频灯等工具对开式齿轮的运转效果进行检查。

油池润滑与喷雾润滑的对比见表3.13。

表3.13 油池润滑与喷雾润滑的对比

| 项目 | 油池润滑 | 喷雾润滑 |
|---|---|---|
| 应用特点 | 用于中、高载荷开式齿轮传动 | 用于高载荷开式齿轮传动 |
| 可用的润滑剂 | 超高黏度油、半流体润滑脂、沥青剂；要求流动性要强，黏附性高 | 超高黏度油、半流体润滑脂；要求流动性要强，黏附性高，可喷雾 |
| 系统优点 | 设备和技术投入较少，营运费用相对较低 | 喷雾系统能提高润滑的可靠性，适时提供新鲜润滑剂，最大限度地发挥润滑功能，使开式齿轮处于较好的润滑状态，提高设备可靠性和延长使用寿命 |
| 系统缺点 | 粉尘、雨水或其他污染物的进入混合会促使油品劣化，导致腐蚀齿轮；油池泄漏容易造成现场污染，管理困难；啮合产生的金属磨屑无法排走 | 设备和技术投入较多，在使用和维护上对用户有技术要求；使用可喷雾润滑剂，营运费用较高 |
| 缺油报警系统 | 有需要，以避免油池油位过低时齿轮缺油，但不易安装 | 一般均配有系统故障报警系统 |

## 26 工业齿轮油怎么选?

齿轮油的选用主要依据温度、速度、载荷、冲击负荷、齿轮类型、水分污染、黏度牌号和换油周期等选用。

（1）温度　温度下降时，油品的黏度会变稠。温度上升时，则会变稀。因此在低温条件下需要低黏度的润滑油，而在高温条件下则需要黏度大的油以防止金属与金属之间的干摩擦。低温选黏度号小的稀油，高温选黏度号大的稠油；同时还须考虑齿轮油的倾点应比环境温度低3~5℃。

（2）速度　滑动和转动的速度越快，齿轮间挤进润滑剂的时间就越少。同时在高速运作下润滑油更易结块变厚。因此，低速用高黏度油（稠油），高速用低黏度油（稀油）。

（3）载荷　稠油更能抵御重载荷及冲击载荷。除了黏稠的油，加有极压添加剂的油可以在同等的黏度下为齿轮提供更好的保护，例如L-CKD重负荷工业齿轮油。

（4）冲击负荷　例如由引擎发出的律动力，这就需要比较厚重的油以防油膜的瞬间碎裂而产生的边界润滑，因为只有极少的润滑油可留下。在这种情况下，需要一种含有极压添加剂（EP）的润滑油。

（5）齿轮类型　使用直齿、斜齿、人字齿和伞齿轮副时，滑动和转动会产生有效的油膜从而减缓啮合的轮齿间的直接接触。在蜗轮蜗杆和双曲面齿轮等非平等轴传动装置上，相对滑动运作的方向不利于维持油膜。在这些传动装置上，往往大量出现边界润滑。因此，在蜗轮蜗杆装置和大偏心量的双曲齿轮传动装置上需要仍为厚重的油。当这些传动装置受到重负和高压时，就要选择具有的高强油膜特性（高黏度）、光滑性、润滑性甚至极压添加剂的润滑油。

（6）水分污染　有可能进水的齿轮箱要选择具有良好分水性能的L-CKD类型的齿轮油。

（7）黏度牌号和换油周期　具体的黏度牌号和换油周期要参照设备说明书中的润滑油推荐，中、重载荷的齿轮润滑常用的黏度牌号有：150#、220#、320#、460#。对于换油不方便的地方，可考虑使用全合成型工业齿轮油延长换油期，或者配套使用适用的齿轮油滤油机。

## 27 齿轮油的贮存应注意什么？

（1）车辆齿轮油的贮存　应存放在常温、凉爽干燥处。不宜在较高温度下（如高于40℃）长期贮存。因为高温会加速极压剂分解或促进添加剂之间的反应。此外，还应防止油中进水，以避免极压剂水解生成水溶性酸性物质。

（2）工业齿轮油的贮存　应存放在常温、凉爽干燥处。避免高温，避免靠近火源，避免水分、灰尘及机械杂质混入。

## 28 工业齿轮油一般使用多长时间需要更换油品？换油指标又有什么规定？

工业齿轮油换油期和换油指标的确定是个复杂的问题，它与齿轮磨合情况、齿轮载荷、齿轮油的种类和质量、润滑部位在机械中的重要性等均相关。一般来说，用油量较少的齿轮箱可根据实践经验定期换油。如AGMA规定正常情况下六个月换油，不与水直接接触的引进减速机使用说明书规定4000～5000h换油，因运转条件不同也有短至2000h、长至8000h的。这些规定一般都有相当大的保险系数。

对于集中供油润滑系统的大型齿轮装置，需根据监控齿轮油质量的变化来确定是否换油。为了定期进行质量监控，我国制定了工业闭式齿轮油换油标准NB/SH/T 0586—2010（表3.14），通过测试齿轮油黏度、水分、酸值、机杂、铜腐、梯姆肯OK值和铁含量确定油品换油期。

表3.14 NB/SH/T 0586—2010工业闭式齿轮油的换油标准

| 项目 | | NB/SH/T 0586—2010 | | 试验方法 |
|---|---|---|---|---|
| | | CKC 工业齿轮油 | CKD 工业齿轮油 | |
| 外观 | | 异常 | 异常 | 目测 |
| 运动黏度（40℃）/变化率% | 超过 | ± 15 | ± 15 | GB/T 265 |
| 酸值增加值/（mgKOH/g） | 大于或等于 | | 1.0 | GB/T 7304 |
| 水分/% | 大于 | 0.5 | 0.5 | GB/T 260 |
| 机械杂质/% | 大于或等于 | 0.5 | 0.5 | GB/T 511 |
| 铜片腐蚀（100℃，3h）级 | 大于或等于 | 3b | 3b | GB/T 5096 |
| 梯姆肯OK值/N | 小于或等于 | 133.4 | 178 | GB/T 11144 |
| 铁含量/（mg/kg） | 大于或等于 | | 200 | GB/T 17476 |

# 第4章

# 涡轮机油基础知识

## 1 涡轮机类型及工作原理是什么？

涡轮机是将工作流体的动能转换成有用机械能或电能的机器，从流动的液体或气体中捕获能量。在风机中，弯曲的叶片捕获风能，从而使叶片旋转。在远洋客轮或喷气式飞机中，炽热的燃烧气体让金属叶片高速旋转，从而为船舶提供动力或将飞机推向天空的能量。涡轮机还可以产生电力，几乎每个大型发电厂都使用蒸气驱动的涡轮机，而风力和水力涡轮机可以帮助我们生产可再生能源。只要能产生能量的地方，几乎都有涡轮机的存在。

涡轮机是利用流体冲击叶轮转动而产生动力的发动机，根据驱动涡轮的流体类型，可分为汽轮机、燃气轮机、水轮机、风力发电机4种，是广泛用于发电、航空、航海等的动力机。

涡轮机工作原理：涡轮机主要的部件是旋转元件（转子或称叶轮），被安装在透平轴上，具有沿圆周均匀排列的叶片。流体所具有的能量在流动中经过喷管时转换成动能，流过转子时流体冲击叶片，推动转子转动，从而驱动透平轴旋转。透平轴直接或经传动机构带动其他机械，输出机械功。

汽轮机是将蒸汽的能量转换成为机械能的高速旋转式动力机械，又称蒸气透平。一定压力和温度的蒸汽，进入汽轮机，通过其内部的通道，带动汽轮机转子的旋转，而蒸汽的压力和温度不断地降低，从而实现了蒸汽的热能向汽轮机转子动能的转换。汽轮机主要用作发电用的原动机，也可直接驱动各种泵、风机、压缩机和船舶螺旋桨等，还可以利用汽轮机的排汽或中间抽汽满足生产和生活上的供热需要。在燃煤电厂中，煤在熔炉中燃烧并用来加热水以产生蒸汽，从而使连接到发电机的高速涡轮机旋转。在核电厂中，产生蒸汽的热量来自原子反应。与水和风力涡轮机不同，在液体或气体流动中放置一个旋转的涡轮机，蒸汽涡轮机有一个完整的系列涡轮机（每一个都被称为一个阶段）排列在一个实际上是封闭的管道内。当蒸汽进入管道时，它依次通过每一级，因此逐渐地，更多的能量被提取出来。因此，汽轮机具有单机功率大、效率高、转速快、运转平稳和寿命长的特点。

燃气轮机（Gas Turbine）是一种以连续流动的气体（燃烧天然气等可燃气）作为工质、把热能转换为机械功的旋转式动力机械。燃烧天然气等可燃气的燃气轮机及其联合循环发电机组既可提高能源资源的利用效率，又可解决环境污染问题。燃气轮机具有体积小、重量轻、启动快等优点。

蒸汽–燃气联合循环机组是把蒸汽轮机循环以及燃气轮机循环综合在一起的动力装置。由于蒸汽轮机的循环终参数较低，而燃气轮机循环的初参数却较高，所以蒸汽–燃气联合循环机组，利用燃气轮机循环有较高初温及蒸汽轮机循环有较低终参数的优点来提高整个循环的热效率。

水轮机是把水流的能量转换为旋转机械能的动力机械。来自水库大坝低位压力管道的水流过水轮机成角度的叶片，将其推向四周，并转动与叶片相连的轴，轴使发电的发电机旋转。水电实际上是一个三步的能量转换过程：当水落到低处时（水头），河流的原始势能（由于从高地开始而具有）就变成了动能。水轮机将运动水中的动能转换为机械能。旋转的水轮机驱动发电机，将机械能转化为电能。水头越高、流量越大，水轮机的输出功率也就越大。

风力发电机是将空气流动的动能作用在风力涡轮叶轮上，从而推动叶轮旋转，将动能转换成机械能，叶轮的转轴与发电机的转轴通过变速箱相连，从而带动发电机发电。

## 2 涡轮机供油系统主要由哪些设备组成？它们分别起什么作用？

涡轮机是将蒸汽的热能转换成机械能的涡轮式机械。为了调节涡轮机的功率和转速，每台涡轮机有一套由调节装置组成的调节系统。另外，涡轮机是高速旋转设备，它的转子和定子间隙很小，是既庞大又精密的设备。为保证涡轮机安全运行，配有一套自动保护装置，以便在异常情况下发出警报，在危急情况下自动关闭主汽阀，使之停运。调节系统和保护装置常用压力油来传递信号和操纵相关部件。涡轮机的各个轴承也需要油润滑和冷却，因而每台涡轮机都配有一套润滑油系统，润滑油系统设有可靠的主供油设备（主油泵）和辅助供油设备（交流供油泵及直流供油泵），在启动、停机、正常运行和事故工况下满足涡轮发电机组所有轴承的用油量，给水泵涡轮机的调节润滑油系统和主涡轮机的调节润滑油系统分开，各自设有单独的调节润滑油系统。润滑油系统不仅向涡轮机发电机的支持轴承，推力轴承和盘车装置提供润滑油，还向机械调闸装置及注油试验提供动力油，同时为防止发电机氢气泄漏，还向发电机氢气系统提供高压及低压密封用油。

涡轮机供油系统主要由主油泵、汽动油泵、注油器、冷油器、滤油器、减压阀、油箱等组成。

①主油泵是油系统的动力，正常运行时，将油不断地送到润滑油系统和调节油系统。

②汽动油泵或高压电动油泵（调速油泵）也称辅助油泵，当涡轮机启动或停机过程中主油泵没有正常工作时，用来供给动力油和润滑油，也供停机后调节系统静态特性试验时使用。低压电动油泵、直流电动油泵一般在汽轮机盘车状态下或事故情况下，供涡轮机润滑油。

③注油器也称射油器，是一种喷射泵，它利用少量高压油作动力，把大量油吸出来变成压力较低的油流，分别供给离心泵式主油泵进油和轴承润滑油。

④冷油器的作用是冷却进入涡轮机各轴承的润滑油。高压过压阀（减压阀）是在机组润滑油由主油泵出油经过减压阀供油时，通过减压阀供油来调节进入润滑油系统的油压。

⑤低压过压阀（安全门）是在当润滑油压力过高时，过压阀动作将一部分油排到油箱，保证润滑油压力一定。滤油器装在润滑油和调速油管道上，主要是防止油中的杂物进入轴承和调节油系统。

⑥油箱用来储油，同时起分离气泡、水分、杂质和沉淀物的作用。

总之，涡轮机油系统主要包括润滑油系统、发电机密封油系统、顶轴油系统和抗燃油（电液调节）系统。涡轮机油系统作为电厂系统中的一个重要组成部分，主要起润滑、冷却、调速和密封作用。

## 3 涡轮机油基本用途和作用有哪些?

涡轮机油，也称透平油，通常包括蒸汽轮机油、燃气轮机油、水力汽轮机油等，采用精制石蜡基矿物型或合成型基础油和抗氧化剂、腐蚀抑制剂及抗磨剂等多种添加剂调制而成。主要用于电厂蒸汽轮机、水轮机、燃气轮机和具有公共润滑系统的燃气-蒸汽联合循环机组的滑动轴承、减速齿轮、调速器和液压控制系统的润滑；还广泛用于涡轮压缩机、涡轮冷冻机、涡轮鼓风机、涡轮增压器、离心泵等工业驱动装置及其相配套的控制系统的润滑；同时也用于船舶驱动装置及其相配套的控制系统的润滑。风力涡轮机使用齿轮润滑剂不在此范畴。

涡轮机油的作用主要有三个方面：即润滑作用、调速作用和冷却作用。

①在涡轮机组的滑动轴承中，涡轮机油充满于轴颈和轴瓦之间，形成流体润滑，从而起到减轻摩擦、降低磨损的作用；

②涡轮机油作为液压介质能传递压力，参与调速系统工作；

③涡轮机高速运行时，在油路系统中不断循环流动的机油能带走轴承内摩擦产生的大量热量，从而起冷却、清洗、防腐以及密封的作用。作为涡轮机系统的一个组成部件，涡轮机油对机组的安全可靠运行非常重要。

## 4 涡轮机油性能要求有哪些？不同类型的涡轮机对油品性能要求有何异同?

为提升涡轮机工作效率和延长设备使用寿命，油箱容积逐渐变小，发电功率不断增加、轴承温度和压力也越来越高，工作条件的日益苛刻，对涡轮机油的性能要求不断提高。涡轮机油通常需具有良好的黏温性能、优良的氧化安定性、防腐防锈性、抗乳化性、抗泡性、空气释放性、极压抗磨性和清洁性。各大OEM对长寿命、低油泥生成倾向的汽轮机油也提出需求。

不同类型的涡轮机使用工况条件差异很大（详见表4.1），设备寿命使用需求也不尽相同，对油品的性能要求也各有侧重。

①水轮机、蒸汽轮机要求油品分水性好、使用寿命长；

②燃气轮机要求油品抗高温氧化性好、油泥漆膜生成倾向小、极压性好；

③燃气-蒸汽联合循环系统要求油品分水性好、抗高温氧化性好、油泥漆膜生成少、极压性能优良。

表4.1 不同类型涡轮机油使用工况

| 项目 | 水轮机 | 蒸气轮机 | 燃气轮机 |
|---|---|---|---|
| 润滑部位 | 轴承、叶片控制系统 | 轴承、控制系统 | 轴承、齿轮控制系统 |
| 转速/（r/min） | 50~600 | 120 ~ 15000 | 3000~30000 |
| 油箱温度/℃ | 40~60 | 45~65 | 50~95 |
| 高温峰值/℃ | 75~90 | 80~150 | 250~280 |
| 环境因素影响 | （水）空气 | （蒸气）空气 | （高温燃气）空气 |
| 油品寿命/年 | 10~20+ | 10~20+ | 3~10 |
| 应用 | 三峡大坝等 | 80%以上全球的发电 | 发电，压缩机，火车，轮船，坦克等 |

## 5 涡轮机油是如何分类的?

我国等同采用国际标准化组织（ISO）ISO 6743-5：2006《润滑剂、工业用油和相关产品（L类）的分类 第五部分：T组（涡轮机》，制定了GB 7631.10—2013《润滑剂、工业用油和有关产品（L类）的分类 第10部分：T组（涡轮机）》，见表4.2。按各种应用场合将涡轮机分为蒸气驱动、燃气直接驱动或通过齿轮驱动、具有公共润滑系统的单轴连接循环涡轮驱动、控制系统、水力涡轮机五大类，对应的涡轮机油也分五大类17种。

用于蒸汽轮机的汽轮机油主要品种有L-TSA（抗氧防锈石油基）、L-TSE（抗氧防锈高承载石油基）、L-TSD（磷酸酯型抗燃型）三种；

用于燃气轮机的燃气轮机油主要品种有L-TGA（抗氧防锈石油基）、L-TGB（高温抗氧防锈石油基）、L-TGCH（聚α烯烃合成型）、L-TGCE（合成酯型）、L-TGD

（磷酸酯抗燃型）、L-TGE（抗氧防锈高承载石油基）、L-TGF（高温抗氧防锈高承载石油基）七种；

用于具有公共润滑系统的单轴联合循环涡轮驱动的涡轮机油主要品种有L-TGSB（高温抗氧防锈石油基或合成基）、L-TGSE（高温抗氧防锈高承载石油基或合成基）；

用于控制系统的磷酸酯控制液L-TCD；

用于具有液压系统的水力涡轮机的L-THA（抗氧防锈石油基）、L-THCH（低毒环保聚α烯烃等合成烃基）和L-THCE（低毒环保合成酯基）及用于没有液压系统的水力涡轮机的L-THE（抗氧防锈高承载石油基）。

表4.2　涡轮机油分类（GB 7631.10-2013/ISO 6743-5:2006）

| 特殊应用 | 更具体应用 | 组成和性质 | 品种代号L- | 典型应用 |
|---|---|---|---|---|
| 蒸汽 | 一般用途 | 具有防锈性和氧化安定性的深度精制石油基润滑油 | TSA | 不需要润滑剂具有抗燃性的发电、工业驱动装置和相配套的控制机构和不需改善齿轮承载能力的船舶驱动装置 |
| | 齿轮连接到负荷 | 具有防锈性、氧化安定性和高承载能力的深度精制石油基润滑油 | TSE | 需要润滑剂改善齿轮承载能力的发电、工业驱动装置、船舶齿轮装置及其相配套的控制系统 |
| | 难燃 | 磷酸酯润滑剂 | TSD | 要求润滑剂具有抗燃性的发电、工业驱动装置及其相配套的控制装置 |
| 燃气直接驱动或通过齿轮驱动 | 一般用途 | 具有防锈和抗氧化性的深度精制的石油基润滑油 | TGA | 不需要润滑剂具有抗燃性的发电、工业驱动装置和相配套的控制机构和不需改善齿轮承载能力的船舶驱动装置 |
| | 高温使用 | 具有防锈和抗氧化性的深度精制的石油基润滑油 | TGB | 要求润滑剂具有抗高温性的发电、工业驱动装置和相配套的控制系统 |
| | 特殊用途 | 聚α-烯烃和相关烃类的合成液 | TGCH | 要求润滑剂具有特殊性能，如增强的氧化安定性和低温性能的发电、工业驱动装置和相配套的控制系统 |
| | 特殊用途 | 合成酯型的合成液 | TGCE | 需求润滑剂具有特殊性能，如增强的氧化安定性和低温性能的发电、工业驱动装置和相配套的控制系统 |
| | 抗燃 | 磷酸酯基润滑剂 | TGD | 要求润滑剂具有抗燃性的发电、工业驱动装置及其相配套的控制装置 |
| | 高承载能力 | 具有防锈、抗氧化性和高承载能力的深度精制石油基润滑油 | TGE | 需要润滑剂改善齿轮承载能力的发电、工业驱动装置、船舶齿轮装置及其相配套的控制系统 |
| | 高温使用和高承载能力 | 具有防锈、抗氧化性和高承载能力的深度精制石油基润滑油 | TGF | 需要润滑剂具有抗高温和承载性能的发电、工业驱动装置及其相配套的控制系统 |

续表

| 特殊应用 | 更具体应用 | 组成和性质 | 品种代号L- | 典型应用 |
|---|---|---|---|---|
| 具有公共润滑系统单轴联合循环涡轮机 | 高温使用 | 具有防锈和抗氧化性的深度精制的石油基或合成基润滑油 | TGSB | 不需要润滑剂抗燃性，但需改善齿轮承载能力的发电和控制系统 |
| | 高温使用和高承载能力 | 具有高承载能力、防锈和抗氧化性的深度精制的石油基或合成基润滑油 | TGSE | 不需要使润滑剂抗燃性的发电和控制系统 |
| 控制系统 | 抗燃 | 磷酸酯控制液 | TCD | 润滑剂和抗燃液需分别（独立）供给的蒸气、燃气、水力轮机控制装置 |
| 水力涡轮机 | 一般用途 | 具有防锈和抗氧化性的深度精制的石油基润滑油 | THA | 具有液压系统的水力涡轮机 |
| | 特殊用途 | 聚α烯烃和相关烃类的合成液 | THCH | 需要润滑剂具有排水毒性低和环境保护性能的水力涡轮机 |
| | 特殊用途 | 合成酯型的合成液 | THCE | 需要润滑剂具有排水毒性低和环境保护性能的水力涡轮机 |
| | 高承载能力 | 具有抗摩擦和/或高承载能力防锈和抗氧化性的深度精制的石油基润滑油 | THE | 没有液压系统的水力涡轮机 |

## 6 涡轮机油规格标准有哪些?

涡轮机油国际、行业及国家标准主要有：

ISO 8068-2006《润滑剂、工业润滑油和相关产品（L类）T组（涡轮机）涡轮机用润滑油规范》，包括TSA/TSE（极压）汽轮机油、TGA/TGE（极压）燃气轮机油、TGB（高温）/TGF（高温极压）高温极压燃气轮机油、TGCH/TGC合成型燃气轮机油、TGSB（高温）/TGSE（高温极压）蒸气、燃气联合循环机组涡轮机油、TSD/TGD磷酸酯抗燃型涡轮机油、THA/THE（极压）水轮机油、THCH/THCE环境友好合成型水力涡轮机油等各类品种16个。

德国：DIN 51515-1：2010《汽轮机用润滑剂和调速液 最低要求 第1部分：一般应用的涡轮机油TD》/ DIN 51515-2：2010《汽轮机用润滑剂和调速液 最低要求 第2部分：高温服务用涡轮机油TG》。

美国ASTM D4304-2017《矿物和合成型汽轮机油和燃气轮机油》，将涡轮机油分成三类，第一类为抗氧防锈型涡轮机油，适用于轴承温度不超过110℃的涡轮机润滑，分32、46、68、100四种黏度等级；第二类为抗氧防锈抗磨型涡轮机油，适用于轴承温度不超过110℃的蒸气轮机、燃气轮机、燃气蒸气联合机组的润滑，分32、

46、68、100、150五种黏度等级；第三类为具有更好抗氧化性能和防锈抗磨性能的涡轮机油，适用于轴承温度超过110℃的燃气或联合机组的带有齿轮箱特殊负荷的润滑，分32、46两种黏度等级。

我国GB 11120—2011《涡轮机油》，非等效采用ISO 8068-2006规格，包括L-TSA/TSE汽轮机油、L-TGA/TGE燃气轮机油、L-TGSB/TGSE燃/汽轮机油等六个品种。

舰用汽轮机油规范GJB 1601B—2015。

抗氨汽轮机油SH/T 0362—1996。

有代表性OEM涡轮机油规格主要有：

德国西门子（Siemens）电气：TLV 9013 04（常规蒸气/燃气轮机）、TLV 9013 05（高温蒸气/燃气轮机）；

阿尔斯通（Alsthom）：HTGD 90 117 V0001 X（蒸气、燃气润滑系统及其控制系统用油）；

日本三菱MHPS：MS04-MA-CL001 ~ CL006，其中CL001常规蒸气/燃气轮机、CL002高温蒸气/燃气轮机、CL003高温极压型燃气轮机油、CL004控制系统用油TSD、CL005长寿命燃气轮机油、CL006超长寿命型；

美国通用电气GE Power：GEK 46506D（或46506E）（适用于大型蒸气轮机发电机组的系统润滑）、GEK 28143A（具有高承载能力，适用于燃气轮机发电机组的系统润滑）、GEK 32568F（32568H或32568K）（用于重负荷燃气轮机润滑和控制系统的润滑）、GEK 107395A（用于单轴蒸气、燃气轮机联合机组的系统润滑）、GEK 101941A（具有极压性能，用于在轮机和发电机间有加载齿轮的燃气轮机发电机组的系统和齿轮箱润滑）。

## 7 国内涡轮机油主要品种有哪些?

（1）L-TSA汽轮机油　质量标准为GB 11120—2011，分A级、B级两种质量等级，设有32、46、68、100四个黏度等级，产品具有良好的抗氧化、防锈和金属钝化性能，适用于蒸气轮机、水轮机的润滑。

（2）L-TSE汽轮机油　质量标准为GB 11120—2011，在L-TSA汽轮机油A级品基础上增加了承载能力性能要求，设有32、46、68三个黏度等级，适用于齿轮连接到负荷蒸气轮机的润滑。

（3）长寿命的L-TSA/L-TSE汽轮机油　产品质量性能根据OEM规格或协议制定，满足企标要求，长寿命的L-TSA/L-TSE产品均强化了抗氧化性能，长寿命的L-TSE还兼具一定的极压性能，设有32、46、68三个黏度等级，主要用于大型煤电、核电及其他工业船舶蒸气轮机的润滑。

（4）L-TGB/TGE/TGF燃气轮机油　质量标准为GB 11120—2011，L-TGB强化了油品的高温抗氧化性能，L-TGE汽轮机油强化了承载能力性能要求，L-TGF同时强化了高温抗氧化性能和承载能力。均设有32、46、68三个黏度等级，L-TGB主要用于高温燃气轮机组的润滑系统，L-TGE适用于含有齿轮驱动的燃气轮机组的润滑系统，L-TGF适用于高温且含有齿轮驱动的燃气轮机组的润滑。

（5）L-TGSE汽轮机油　质量标准为GB 11120—2011或企标，产品强化了抗氧化性能和承载能力，设有32、46、68三个黏度等级；主要用于蒸气-燃气联合机组的润滑。

（6）抗氨汽轮机油　质量标准为SH/T 0362—1996（2007），产品中通常用中性或碱性防锈剂代替常规添加的十二烯基丁二酸及其半酯（T746）类酸性添加剂，确保油品不与系统中氨起反应，生成白色絮状沉淀，以致影响机器正常运转。抗氨汽轮机油主要用于以氮氢气和氨气为压缩介质的压缩机与汽轮机共用同一润滑系统的化肥生产装置。

（7）舰用汽轮机油　质量标准为GJB 1601B—2015，产品强化了抗氧化性、分水性和承载能力，只68一个黏度等级，适用于船舶蒸气轮机的润滑与密封。

## 8 OEM各规格中对涡轮机油氧化性能要求有何异同?

蒸气轮机的平均油温为45~65℃，局部过热点可达80~150℃；燃气轮机的平均油温为50~95℃，局部过热点可达150~280℃。高温会引发油品的热氧化反应，水分和金属的存在会加速油品氧化，氧化生成的水可导致设备锈蚀和油品乳化，氧化生成的酸会腐蚀金属，腐蚀产生的金属离子溶解在油中会进一步加快油品的氧化，这些都将导致涡轮机润滑失效。随着机组功率增大，油品的使用条件更加苛刻，OEM用户希望油品的使用寿命进一步延长，在规格中对油品氧化安定性提出了越来越高的要求。详见表4.3。

表4.3　OEM各规格中对涡轮机油氧化性能要求

| OEM | 规格 | 汽轮机类型 | 抗氧化性要求 |
|---|---|---|---|
| 通用电气GE | GEK 46506E | 蒸气轮机 | TOST>2000h，RPVOT>250min |
| | GEK 32568H | 轴承>260℃燃气轮机 | TOST>5000h，RPVOT>500min |
| | GEK 107395A | 蒸汽/燃气轮机 | TOST>7000h，RPVOT>1000min |
| 西门子 | TLV 9013 04 | 常规蒸汽/燃气轮机 | TOST>3000h |
| | TLV 9013 05 | 高温蒸汽/燃气轮机 | TOST>3000h，RPVOT>750min |

续表

| OEM | 规格 | 汽轮机类型 | 抗氧化性要求 |
|---|---|---|---|
| 阿尔斯通 | HTGD 90117 Y | 蒸气/燃气轮机 | TOST:TAN<0.5mgKOH/g@2000h<br>RPVOT>250min |
| 三菱MHPS | MS04-MA-CL001 | 蒸气/燃气轮机 | TOST>2000h，RPVOT>220min |
| | MS04-MA-CL002 | 蒸气/燃气轮机 | TOST>4000h，RPVOT>700min |
| | MS04-MA-CL003 | 燃气轮机（极压型） | TOST>4000h，RPVOT>700min |
| | MS04-MA-CL005 | 燃气轮机（长寿命型） | TOST>7000h，RPVOT>1200min |
| | MS04-MA-CL006 | 燃气轮机（超长寿命型） | TOST>14000h，RPVOT>1800min |
| MAN | TED 10000494596 | 蒸汽/燃气轮机 | TOST>6000h，RPVOT>600min |

## 9 汽轮机油中进水有哪些因素？如何防止油中进水？

油中进水是油质劣化的重要因素之一，油中进水后，如果油中含有有机酸，则会形成油渣，若有溶于水中的低分子有机酸，除形成油渣外还有使油系统发生腐蚀的危险。油中进水多半是汽轮机轴封的状态不良或是发生磨损，轴封的进汽过多所引起的，另外轴封回汽受阻，如轴封加热器或汽封加热器满水或其旁路水门开度过大，轴封高压漏汽回汽不畅，轴承内负压太高等原因也往往直接构成油中进水。为防止油中进水，除了在运行中冷油器水侧压力应低于油侧压力外，还应精心调整各轴封的进汽量，防止油中进水。

## 10 汽轮机油乳化的危害是什么？

汽轮机油在使用中易与水接触，如果分水性能不好，不能及时将进入油中的水分离出去，在激烈的搅拌下，油和水会形成非常稳定的乳胶体，不停地在油系统中循环，会带来以下危害：

①改变油的黏度特性，破坏油膜，油的润滑性能变坏，有可能导致轴承损坏；

②引起润滑系统部件的金属腐蚀，发生腐蚀磨损，造成调速系统锈蚀、卡涩，甚至会导致调速系统失灵，造成安全事故；

③乳化液沉积于油循环系统中，会造成滤网堵塞，妨碍油的循环，造成供油不足，影响设备散热，导致设备故障；

④油被乳化后，易加速油品老化，老化后产生的环烷酸皂、胶质等物质均属于乳化剂，从而又促进油品的乳化；

⑤油品乳化后，降低了汽轮机油的润滑作用，增大各部件的摩擦，引起轴承过

热，以致损坏机件。

## 11 汽轮机油乳化的原因有哪些?

水分、激烈搅拌和乳化剂，均能引起涡轮机油乳化。其中，水分存在和激烈搅拌是产生乳化的主要原因。

①汽轮机端部汽封密封不严，使蒸气进入油系统、大气中湿气进入油箱、冷油器泄漏、机组大修用蒸汽吹扫管线时有水分残留以及油箱和轴承箱上的排油烟机和排气管不能及时排出存留在箱内的湿气等，均是导致油中存有水分的因素;

②当油品中混入具有乳化作用的杂质时，油品更易乳化。油品氧化也会产生环烷酸皂、胶体等物质，这些物质也具有乳化剂的作用;

③在汽轮机高速旋转时，油和水被激烈地搅拌，因而有了充分的接触，在乳化剂的作用下，油和水牢固地结合在一起，形成了乳化现象。

## 12 防止汽轮机油乳化的措施有哪些?

①防止油系统进水保证汽封间隙足够小、合适的蒸汽压力、冷油器的油压大于水压等措施可以减小油系统进水的可能性。

②采用加热沉降、离心分离、机械过滤和高压脱水等物理方法排出油中水分，随机投入油净化装置，以除去水、杂质和老化产物；确保轴承箱上的排气管畅通，避免轴承内产生负压而吸入蒸气、湿气或凝结水珠。

③购进的新汽轮机油的质量应符合GB 11120—2011或OEM标准要求，运行中汽轮机油的质量应严格按GB 7596—2017《电厂运行中矿物涡轮机油质量》进行监督和检测。

④加入适当的抗乳化剂，减弱或破坏乳化膜的稳定性，促进油水分离，提高油品的抗乳化性能。

## 13 燃气轮机中生成油泥和漆膜的危害和原因是什么？怎样避免?

油泥和漆膜油品氧化变质后形成一种高分子聚合物，有极性、易黏附在摩擦副金属表面，油泥是低温氧化产物、其中含有相当的水分，漆膜是高温氧化产物。形态各异的油泥和漆膜沉积在机组的多个部位，如一些黑色的硬膜沉积在机械轴封处、金色的黏膜沉积在阀上、炭状物沉积在巴氏合金的轴承上、褐色胶状物沉积在过滤器上等。油泥和漆膜会导致过滤器堵塞、供油不足、润滑不良、轴承磨损，阀芯黏结，调速失灵等后果，最终造成非正常停机的损失。

在燃气发电机组中油泥和漆膜的产生有以下几种原因：

①油品在高温和金属的催化作用下易发生氧化，生成溶解性差的油泥；

②油品中加量较多的抗氧剂在高温和混入水的情况下，降解产物容易生成油泥；

③油品接触过热的金属表面导致基础油发生热裂解、进而生成油泥；

④饱和烃含量高的加氢基础油对极性添加剂和极性油泥的溶解度变差，会导致油泥和漆膜析出；

⑤汽轮机内的静电流导致局部高温，引发油品的降解、进而生成油泥；

⑥设备本身的设计缺陷等原因。

避免生成油泥和漆膜倾向的有效办法：①选用优质的基础油和高温性能优良的抗氧化等添加剂进行精心调配；②强化设备维护保养，尽量避免或减少设备异常高温现象发生；③利用静电净油装置，将初期难以离心过滤除掉的漆膜颗粒污染物（软颗粒），吸附在静电场的积尘体上，进行油液净化。

## 14 油泥生成倾向是如何评价的?

随着汽轮机轴承温度和载荷越来越高，减少油泥生成成为重点研发方向，日本三菱重工开发了Dry-TOST试验，并形成ASTM D7873—2013《120℃不含水的加抑制剂涡轮油的氧化稳定性和不溶物形成的标准试验方法（干TOST法）》标准。

Dry-TOST试验方法：试验条件为360mL油，在120℃有铜丝、铁丝催化情况下以3.0L/h的速度通空气氧化，在过程中定期采样测定旋转氧弹，当旋转氧弹数值与氧化前的数值相比仅余25%（或50%）时，停止试验，采用1μm的滤膜过滤油样，称量过滤所得的油泥质量。该方法的测试结果与实际的油泥生成具有较好的关联性。

混合稳定性试验：是将新油做Dry-TOST试验，待旋转氧弹降至30%~50%时，将此试验油与新油以1∶1混合后，再做Dry-TOST试验，待旋转氧弹降至25%时，考察其油泥生成情况，具体见表4.4。

表4.4　三菱油品规格中Dry-TOST油泥试验指标要求

| 关键试验项目 | CL-002规格 | CL-003规格 | CL-005规格 | CL-006规格 |
|---|---|---|---|---|
| Dry-TOST试验@120℃氧化试验寿命/h | ≥500<br>@25%RPVOT | ≥700<br>@50%RPVOT | ≥1000<br>@25%RPVOT | ≥2100<br>@25%RPVOT |
| Dry-TOST试验@120℃油泥形成/（mg/kg） | ≤100<br>@25%RPVOT | ≤100<br>@50%RPVOT | ≤100<br>@25%RPVOT | ≤100<br>@25%RPVOT |
| 混合稳定性Dry-TOST@120℃油泥形成/（mg/kg） | ≤100<br>@25%RPVOT | — | ≤100<br>@25%RPVOT | ≤100<br>@25%RPVOT |

## 15 为什么汽轮机调速系统采用抗燃油?

汽轮机的调节系统是用油压来传递信号及推动各错油门、油动机，开关调节汽门和主汽门。它应当保证调整迅速、灵敏，因此要保证一定的调速油压。汽轮机常用的调速油压有 0.39 ~ 0.49MPa、1.18 ~ 1.27MPa、1.77 ~ 1.96MPa等几种。一般来说，油压高能使调节系统动作灵敏度高，油动机和错油门结构尺寸缩小。调速油压有的已高达4.0MPa，但轴压过高，易漏油着火。

随着机组功率和蒸气参数的不断提高，同时采用中间再热时，调节系统的调节汽门提升力越来越大，提高系统动力油压是解决调节汽门提升力增大的一个途径。现代大容量汽轮机设备油系统的最大油压达3.9~6.9MPa（40~70kgf/$cm^2$）。在这种条件下，甩负荷时迅速关闭阀门所引起的油压冲击，增加了法兰连接的破坏和油管道破裂的可能性，高压管道长度的增加，更促进了油压冲击的产生。也就是说油压的提高、容易造成油的泄漏。此外，蒸汽初温的提高和发电机采用氢冷系统，也增加了汽轮机着火的危险性，因此单机容量在300MW以上时，调速系统最好选用TSD或TGD磷酸酯基抗燃型涡轮机油。

抗燃油的自燃点较高，通常大于700℃，即使落在炽热高温的蒸气管道表面也不会燃烧起来，抗燃油还具有火焰不能维持及传播的可能性，从而大大减小了火灾对电厂的威胁。因此，超高压大功率机组用抗燃油代替普通汽轮机油已成为汽轮机技术发展的必然趋势。

## 16 抗燃油作为油系统的介质有什么特点？使用中应注意哪些问题?

抗燃油的最大特点是它的抗燃性，但也有它的缺点，如有一定的毒性，价格昂贵，黏温特性差（温度对黏性的影响大）。所以一般将调节系统与润滑系统分成2个独立的系统，调节系统用高压抗燃油，润滑系统用普通汽轮机油。

涡轮机抗燃油为磷酸酯基控制液，使用时应注意以下问题：

①磷酸酯能溶解油类、脂肪、某些颜料、油的残留物以及常用的密封和绝缘材料，因此所有接触磷酸酯的部件必须进行彻底清洗；

②整个系统中的密封材料和绝缘材料，包括测点接口和接触磷酸酯的测量仪器必须用抗溶材料代替，如聚酰胺、聚四氟乙烯；

③油箱必须密闭，并有足够析气条件；

④必须防止矿物油和磷酸酯混用，因为两者混合可能产生沉淀，使控制部件的功能和密封件的耐油性能受影响。一般说来，如果混合液中矿物油量超过4%，即不能继续使用。

## 17 影响汽轮机油系统清洁的主要因素有哪些？电厂维护中对油品颗粒污染物控制是如何规定的？

影响汽轮机油系统清洁的主要因素分析：

（1）制造工艺　油系统设备在制造过程中，由于制造方法、质量控制等原因，在设备及管道内会残留一些铁屑、毛刺、油污、焊渣、油漆、氧化皮等杂物。这些杂质在油循环过程中会因油流不畅造成滞留在弯头、变径、堵头等部位，影响油系统的清洁度，甚至损害机械系统的光洁度，增大磨损力度。

（2）设备存放　设备在运输和现场保管期间没有妥善保管，接触到外界杂质，并且受到风吹雨打，日晒受潮等现象的发生。在设备的安装过程中，没有严格依照要求进行检查和清理，给设备带来很大的隐患。

（3）安装质量　设备安装前对油系统内部及管道应彻底仔细检查，安装过程中避免落入灰尘、杂物。在对管道进行清理时，应采取有效的防护措施，避免在清理后由于防护不及时造成二次污染。

（4）运行参数　由于过快地提高轴封压力，达到机组真空值，会造成蒸气进入轴承箱，使油质乳化水分增多，从而影响到机组运行。而且，如果汽机运行时，由于参数问题导致偶然事故发生，就会使透平油受到污染，由于汽轮机设备的清洁度先天不足，导致了在机组运行的时候经常会有污染、杂质出现。

（5）冲洗质量　汽轮机油系统作为一个大管路与大流量的复杂循环系统，为了有效地保证润滑油的品质，必须严格控制冲洗的质量。要严格依照冲洗流程来执行冲洗过程，冲洗过程一定要全面、不留死角，要做到所有的相关系统都要同时冲洗，避免系统重复污染现象的出现。

国产汽轮机的润滑系统安装的精密过滤器滤网孔径为104μm，国外300MW和600MW机组的过滤器的滤网孔径为60μm，调速油系统的过滤器孔径不大于10μm。

根据GB/T 7596—2017《运行中矿物涡轮机油质量》（见表4.5）和GB/T 14541—2017《电厂用矿物涡轮机油维护管理导则》，按SAE AS 4059 F规格测定，颗粒污染物控制需不大于8级。

在新机组投运和系统检修后，机组启用前需循环清洗油系统，直到涡轮机油的颗粒污染等级不大于7级（SAE AS 4059 F）或符合制造厂的要求。

表4.5 运行中矿物涡轮机油质量

| 序号 | 项目 | | 质量指标 | 检验方法 |
| --- | --- | --- | --- | --- |
| 1 | 外观 | | 透明，无杂质或悬浮物 | DL/T 429.1 |
| 2 | 色度 | | ≤5.5 | GB/T 6540 |
| 3 | 运动黏度[1]（40℃）/（$mm^2/s$） | 32 | 不超过新油测定值±5% | GB/T 265 |
| | | 46 | | |
| | | 68 | | |
| 4 | 闪点（开口杯）/℃ | | ≥180，且比前次测定值不低10℃ | GB/T 3536 |
| 5 | 颗粒污染等级[2] SAE AS 4059 F/级 | | ≤8 | DL/T 432 |
| 6 | 酸值（以KOH计）/（mg/g） | | ≤0.3 | GB/T 264 |
| 7 | 液相锈蚀[3] | | 无锈 | GB/T 11143（A法） |
| 8 | 抗乳化性[3]（54℃）/min | | ≤30 | GB/T 7605 |
| 9 | 水分[3]/（mg/L） | | ≤100 | GB/T 7600 |
| 10 | 泡沫性（泡沫倾向/泡沫稳定性）/（mL/mL） 不大于 | 24℃ | 500/10 | GB/T 12579 |
| | | 93.5℃ | 100/10 | |
| | | 后24℃ | 500/10 | |
| 11 | 空气释放值（50℃）/min | | ≤10 | SH/T 0308 |
| 12 | 旋转氧弹值（150℃）/min | | 不低于新油原始测定值的25%，且汽轮机用油、水轮机用油≥100，燃气轮机用油≥200 | SH/T 0193 |
| 13 | 抗氧剂含量/% | T501抗氧剂 | 不低于新油原始测定值的25% | GB/T 7602 |
| | | 受阻酚类或芳香胺类抗氧剂 | | ASTM D6971 |

注：（1）32、46、68为GB/T 3141中规定的ISO黏度等级。

（2）对于100MW及以上机组检测颗粒度，对于100MW以下机组目视检查机械杂质。

对于调速系统或润滑系统和调速系统共用油箱使用矿物涡轮机油的设备，油中颗粒污染等级指标应参考设备制造厂提出的指标执行，SAE AS 4059F颗粒污染分级标准参见附录A。

（3）对于单一燃气轮机用矿物涡轮机油，该项指标可不用检测。

## 18 汽轮机油黏度级别是如何选择的?

汽轮机油黏度等级的选用主要取决于油品的使用温度，而油品的使用温度又受轴承负荷大小的影响。

汽轮机油黏度等级可根据轴承处油入口温度进行选择：

①一般在轴承处油入口温度为40～50℃，可使用黏度等级为46的汽轮机油；

②如果在轴承处油入口温度小于45℃，可使用黏度等级为32的汽轮机油；

③如果在轴承处油入口温度很高，可使用黏度等级为68的汽轮机油；

④在一般情况下，水轮机组因其轴承负荷较大，在轴承处油入口温度为43～48℃，大多使用黏度等级为46的汽轮机油。

## 19 电厂涡轮机油品种是如何选择的?

汽轮机油选用原则：主要根据轴承温度选用，具体可参照表4.6。

表4.6　汽轮机油选用原则

| 行业 | L-品种 | 应用场合 |
|---|---|---|
| 电力行业 | TSA（B级） | 200MW以下的中小容量的机组，工况缓和（轴承温度45～60℃，小于80℃）的水轮机、蒸汽轮机 |
| 电力行业 | TSA（A级）/TGA | 300MW和600MW大容量机组，轴承温度在60～95℃的水轮机、蒸汽轮机、燃气轮机 |
| | TGSB/TGB | 轴承温度在65～110℃的水轮机、蒸汽轮机、燃气轮机 |
| | TGSE/TGF | 带齿轮系统的水轮机、蒸汽轮机、燃气轮机（轴承温度在65～110℃） |
| | 核电专用型的长寿命TSA/TGE | 核电蒸汽轮机（轴承温度在65～110℃） |
| | 核电专用的长寿命极压型TSE/TGF | 带齿轮系统的核电半速蒸汽轮机（轴承温度在65～110℃） |
| | TGSB/TGE | 燃气-蒸汽联合机组（轴承温度在70～125℃） |
| | TGSE/TGF | 带齿轮系统的燃气-蒸汽联合机组（轴承温度在70～125℃） |
| | TSD/TCD | 带齿轮系统的燃气-蒸汽联合机组（轴承温度在70～125℃） |

①火电厂汽轮机组普遍采用满足国标GB 11120—2011《涡轮机油》标准中的TSA 32或TSA 46汽轮机油；

②核电站汽轮机组普遍采用高温氧化安定性更好的长寿命型汽轮机油；

③燃气电厂多选用高温抗氧化性能良好或兼具极压性能的燃气轮机油。燃气轮机与蒸气轮机一样，其润滑系统均采用静压润滑。

a）对于轻负荷的燃气轮机，润滑油的运行温度与蒸气轮机相近，可以使用TSA汽轮机油；

b）中负荷的燃气轮机应使用TGA或TGE类汽轮机油；

c）某些高温重负荷燃气轮机，进气温度可达上千摄氏度，润滑油的运行温度在

80℃左右，有时可超过100℃，且与密封空气接触，受热氧化作用十分激烈，因此需要使用高温氧化性能好的TGB或TGF燃气轮机油，当要求油品使用寿命长时，可选用采用PAO为基础油的TGCH类燃气轮机油；

d）在蒸汽–燃气联合机发电的装置中，轴承温度为70～125℃，普通的联合循环装置需使用高温氧化性能好的TGSB燃气轮机油，大容量重负荷的联合循环机组应选用TGSE燃气轮机油。

## 20 船用蒸汽轮机油是如何选择的？

船用蒸汽轮机分为透平式和往复活塞式两种，目前主要使用的是透平式蒸汽轮机。

近代远洋轮载运能力50万吨以上的，采用蒸汽轮机作为主机动力，马力大到5万kW甚至10万kW以上，转数高到3500 r/min以上。经过二级减速齿轮，减速到100～200 r/min，驱动主轴推进器。其特点是体积小、重量轻、润滑油耗量少，但轴承的总负荷大、转速高，而且容易接触水和蒸汽，尤其是在大洋中行驶不可避免地会受海水盐雾的影响，并且要求可靠性寿命要长（一般要求连续使用5～10年以上），因此要求润滑油水分离性、抗泡沫性、抗氧化性和防锈防腐蚀性能要好。由于船用汽轮机的润滑系统包括减速器齿轮，因此要求汽轮机油需具有极压抗磨性，同时润滑油的黏度应尽量小，以节省动力。

①主机的润滑　主机（驱动推进桨）用汽轮机，带有二级减速齿轮（转速由4000r/min减到100r/min，减速比为1：50以上），应用68号或100号汽轮机油，除了具有抗氧、防锈性能外，还需具有极压抗磨性能。L–TSE汽轮机油可满足此类润滑需求。

②副机的润滑　副机（如发电机）用汽轮机无减速齿轮，选用L–TSA 32～68汽轮机油润滑可满足要求。

③活动联轴节的润滑　活动联轴节连接汽轮机及高速主动齿轮，用在铰接齿轮装置上，也用在高速齿轮及低速主动齿轮上，由主机用L–TSE汽轮机油润滑。

## 21 涡轮机油使用中需监测哪些指标，执行标准有哪些？

涡轮机的油系统是关系涡轮机组安全和可靠运行的关键部件。涡轮机组失火、轴承熔化、调节系统和保护系统不工作等大部分事故，是由于油系统不能正常运行产生的，因此，对需对运行中汽轮机油性能进行监测。

按照GB/T 14541—2017《电厂用矿物涡轮机油维护管理导则》（也可参考ASTM D 4378—2020）标准要求，汽轮机油、燃气轮机油、水轮机油监测项目包括外观、色度、黏度、酸值、水分、泡沫性、抗乳化度、防锈性能、颗粒污染度和氧化安定性（旋转氧弹法）和抗氧剂含量，如果怀疑有污染，必要时还需监测闪点和空气释放值指标。该标准明确规定了每项性能的监测周期，并列出了运行中涡轮机油油质异常原因及处理措施，要求运行中涡轮机油的质量标准应符合GB/T 7596—2017《运行中矿物涡轮机油质量》。

相关标准还有DL/T 290—2012《电厂辅机用油运行及维护管理规则》、DL/T 1975—2019《水轮机调节系统用油维护规程》。

## 22 汽轮机油换油指标有哪些？使用维护中有哪些导则和规程？

油品在使用过程中会因氧化和蒸发而使黏度增大，氧化物的增加会使水分离性能下降、酸值增大，氧化产生的（溶于水的）低分子有机酸会腐蚀机件；油中如果混入有害化学物质、进入水蒸气或机械杂质，也会使油品变质。当油品的质量下降到一定程度后，就需要更换。

汽轮机油主要换油指标要求见表4.7~表4.10。

表4.7　NB/SH/T 0636—2013《L-TSA汽轮机油换油指标》

| 项　目 | | 换油指标 | | | | 试验方法 |
|---|---|---|---|---|---|---|
| 黏度等级（按GB 3141） | | 32 | 46 | 68 | 100 | — |
| 运动黏度（40℃）变化率/% | 超过 | ±10 | | | | GB/T 265 |
| 酸值增加值/（mgKOH/g） | 大于 | 0.3 | | | | GB/T 7304 |
| 水分（质量分数）/% | 大于 | 0.1 | | | | GB/T 260 |
| 抗乳化性（乳化层减到3mL），54℃[(1)]/min | 大于 | 40 | | 60 | | GB/T 7305 |
| 氧化安定性（旋转氧弹法，150℃）/min | 小于 | 60 | | | | SH/T 0193 |
| 防锈性能（蒸馏水[(2)]） | | 不合格 | | | | GB/T 11143 |
| 清洁度[(3)] | | 报告 | | | | DL/T 432<br>GJB 380.4A |

注：（1）当使用100号油时，测试温度为82℃。
（2）当使用于船舶设备时采用合成海水法，指标为中等锈蚀或严重锈蚀。
（3）根据设备制造商的要求。

表4.8　NB/SH/T 0137—2013《抗氨汽轮机油换油指标》

| 项　目 | | 换油指标 | 试验方法 |
|---|---|---|---|
| 运动黏度（40℃）变化率/% | 超过 | ±10 | GB/T 265 |

续表

| 项　目 | | 换油指标 | 试验方法 |
|---|---|---|---|
| 酸值增加值/（mgKOH/g） | 大于 | 0.3 | GB/T 7304 |
| 水分/% m/m | 大于 | 0.1 | GB/T 260 |
| 抗乳化性，（40-37-3mL），54℃/min | 大于 | 80 | GB/T 7305 |
| 防锈性能（蒸馏水） | | 不合格 | GB/T 11143 |
| 氧化安定性（旋转氧弹法，150℃）/min | 小于 | 60 | SH/T 0193 |
| 抗氨性能试验 | | 不合格 | SH/T 0302 |

表4.9　GJB 3714—1999《舰艇汽轮机油的换油指标》

| 项　目 | | 换油指标 | 试验方法 |
|---|---|---|---|
| 40℃运动黏度变化率/% | 超过 | -10～10 | GB/T 265 |
| 酸值增值/（mgKOH/g） | 大于 | 0.2 | GB/T 264 |
| 水分[(1)]/% m/m | 大于 | 0.2 | GB/T 260 |
| 水分离性，（40-37-3mL），54℃/min | 大于 | 20（60） | SH/T 0191（GB/T 7305） |

注：（1）有离心净油机的主机润滑系统，应先通过离心净油机净化处理后，再取样进行水分和水分离性测定作为换油依据。

表4.10　某著名OEM推荐的燃气轮机油（ISO 32）换油指标

| 项　目 | | 换油指标 | 试验方法及相应中国标准 |
|---|---|---|---|
| 40℃运动黏度/（$mm^2/s$） | 超过 | 25～41 | ASTM D445 GB/T 265 |
| 酸值增加/（mgKOH/g） | 大于 | 0.4 | ASTM D974 GB/T 264 |
| 旋转氧弹保留值（相对于新油）/% | 小于 | 25 | ASTM D2272 SH/T 0193 |

以上换油标准大多是油品行业制定的，在实际应用中，用户可根据实际经验或OEM对油品性能的要求判断是否需要更换油品。

涡轮机油使用维护中需要执行的导则或规程有：

GB/T 7596—2017《运行中矿物涡轮机油质量》；

GB/T 14541—2017《电厂用矿物涡轮机油维护管理导则》；

DL/T 290—2012《电厂辅机用油运行及维护管理规则》；

DL/T 1975—2019《水轮机调节系统用油维护规程》。

# 第5章 压缩机油基础知识

## 1 压缩机是如何分类的?

压缩机是用来输送或提高气体压力的机械。压缩机种类繁多。

按其压缩气体方式的不同，可分为容积式和速度式两大类。容积式压缩机是依赖于气缸内做往复运动的活塞或做旋转运动的转子来改变工作容积，从而使气体得到压缩，提高气体压力。速度式压缩机则是借助于高速旋转叶轮的作用，使气体得到很高的速度，然后又在扩压器中急剧降速，使气体的动能转化为位能，即压力能。

按其结构形式不同，可分为往复式（活塞式）、回转式（旋转式）、涡轮式（离心式）、轴流式、喷射式及螺杆式等各种压缩机，以往复式应用最为广泛;

按压缩气体的类别不同，可分为空气压缩机、气体压缩机和制冷压缩机三大类。压缩机所用润滑剂就是按此三大类别进行具体细分的。

## 2 压缩机及其用途是什么?

压缩机在工业上的应用极为广泛，主要可分下述几种:

（1）压缩空气作为动力　用于驱动各种风动机械、控制仪表和自动化装置、车辆自动门窗启闭、轨道机车气动刹车、制药酿酒业的搅拌、油井的压裂、高压爆破采煤、潜水艇的沉浮、鱼类的射击及驱动及沉船的打捞，均以不同压力的压缩空气为动力。

（2）压缩气体用于制冷和气体分离　气体经压缩、冷却、膨胀而液化，用于冷冻、冷藏及空气调节等人工制冷。这一类压缩机通常称为“制冷机”“冰机”。另外，液化的气体若为混合气时，可利用分离装置将各组分分离出来，得到各种合格的气体。

（3）压缩气体用于合成及聚合　在化学工业中，气体压缩至高压，有利于合成及聚合。例如氮氢合成氨，高压聚乙烯的压力达1500 ~ 3200kgf/cm$^2$。

（4）压缩气体用于油的加氢精制。

（5）气体输送。

## 3 容积型压缩机的结构特点和润滑要求是什么?

容积型压缩机是通过气缸内的活塞做往复运动，或转子做回转运动来改变工作容积，使气体体积缩小，密度增加，从而提高气体的压力。它分为往复式和回转式，其结构特点和润滑要求如下:

（1）往复式压缩机

往复式压缩机常见的形式有活塞式和膜片式。它们分别通过活塞或膜片在气缸内做往复运动，并借助进排气阀的自动开闭，进行气体的吸入、压缩和排出。其特点是压力范围广泛，工业应用上最高压力达350MPa（3500kgf/cm$^2$），但输气不连续，气体压力有脉冲，运转时有振动。

往复式压缩机润滑可分为与压缩气体直接接触部分的内部润滑和与压缩气体不相接触部分的外部润滑两种。内部润滑系统主要指气缸内部的润滑、密封与防锈、防腐；外部润滑系统即是运动部件的润滑与冷却。内部润滑油由于直接接触压缩气体，易受气体性质的影响和高温高压的作用，使用条件就比较苛刻。因此，应该根据气缸内部工作条件和润滑特点来决定润滑油应具有的性能。往复式压缩机油在气缸内部润滑完毕后被排出，不再回收、循环使用。通常往复式中的膜片式压缩机的气缸不需要内部润滑。

往复式压缩机润滑应使用往复式压缩机油。

（2）回转式压缩机

是一种借助于气缸内一个或多个转子的旋转运动所产生的工作容积的变化，而实现气体压缩的容积型压缩机。常见的有滑片式、螺杆式、转子式多种，其中以螺杆式应用最广。

回转式压缩机按其润滑方式又可分为三种润滑类型：

①干式压缩机润滑。指气缸内不给油，压缩机油不接触压缩介质，仅润滑轴承、同步齿轮和传动机构。其润滑条件相当于透平型压缩机的润滑。

②滴油式压缩机润滑（亦称非油冷式压缩机）。这是一种采用滴油润滑的滑片式压缩机，多数采用两级压缩，排气量较大，作为固定式使用。采用一个油量可调节的注油器，通过管路将油滴在气缸、气缸端盖及轴承座上的各个润滑点，以此润滑轴承、转子轴端密封表面及气缸、滑片、转子槽等摩擦表面，然后随压缩气体排出机外。其润滑条件与往复式压缩机内部润滑的压力注油方式相仿。

③油冷式（油浸式或喷油回转式）压缩机润滑。这是目前螺杆式和滑片式压缩机中最广泛采用的润滑方式。润滑油被直接喷入气缸压缩室内，进行油气分离，润滑油得以回收、循环使用。油冷回转式压缩机与往复式压缩机的内部润滑或滴油回（滑片）转式压缩机的润滑相比具有两个明显的特点：供油量大（为排气量的0.24%～1.1%），以保证最佳的冷却和有效的密封；润滑油回收循环使用。油冷式（油浸式或喷油回转式）压缩机润滑要求比较苛刻，因此，油冷式（油浸式或喷油回转式）压缩机应使用回转式压缩机专用油进行润滑。

## 4 螺杆式空气压缩机结构特点及润滑原理

螺杆式空气压缩机是喷油单级双螺杆压缩机，分为单螺杆式空气压缩机及双螺杆式空气压缩机，采用高效带轮传动，带动主机转动进行空气压缩，通过喷油对主机内的压缩空气进行冷却，主机排出的空气和油混合气体经过粗、精两道分离，将压缩空气中的油分离出来，最后得到洁净的压缩空气。冷却器用于冷却压缩空气和油。具有优良的可靠性能，振动小、噪声低、操作方便、易损件少、运行效率高是其最大的优点。

螺杆压缩机是容积式压缩机中的一种，空气的压缩是靠装置于机壳内互相平行啮合的阴阳转子的齿槽之容积变化而达到。转子副在与它精密配合的机壳内转动使转子齿槽之间的气体不断地产生周期性的容积变化而沿着转子轴线，由吸入侧推向排出侧，完成吸入、压缩、排气三个工作过程。

螺杆压缩机是依靠转子的不断啮合输出压缩气体的，因此主轴转速的变化，对压缩机的容积流量、排气压力都会产生影响，因此主轴转速是影响螺杆压缩机性能的一大因素。当排气压力增大，压缩机功耗也增加，比功率增大，则经济效益下降，所以排气压力对压缩机的能耗有非常显著的影响。同时，一些试验结果表明外界的环境温度也会对螺杆压缩机的性能产生影响。中国在不同季节与不同区域的气温相差较大，环境温度不同则压缩机的吸气温度也不同，这一参数将直接影响螺杆压缩机的性能。因此，对于以上影响螺杆压缩机性能的因素进行分析，将对螺杆压缩机的使用产生非常大的帮助。

螺杆压缩机的机体分为两种，一种为皮带传动式；另一种为直接传动式。其中皮带传动式较适用于22kW左右功率的压缩机，是由2个按速度比例制造的皮带轮将动力经由皮带传动；直接传动式是1个联轴器将电动源与主机结合在一起，蜗杆式压缩机全部是直接带动蜗杆旋转，而双螺杆压缩机则须再增加一级增速齿轮以提高主转子的转速。

双螺杆压缩机的工作过程：电动机经联轴器、增速齿轮或皮带带动主转子，由于两转子互相啮合，主转子即直接带动副转子一同旋转，在相对负压作用下，空气吸入，在齿峰与齿沟吻合作用下，气体被输送压缩，当转子啮合面转到与机壳排气口相通时，被压缩气体开始排出。

蜗杆压缩机的工作过程：电动机以联轴器或皮带将动力传到蜗杆轴上，由蜗杆带动星轮齿在蜗杆槽内相对移动，封闭基元容积发生变动，气体、输送压缩，当达到设计压力值，由主机壳体上左右两侧对称的三角形排气口排至油气分离器内。

螺杆压缩机的主机壳体上均开有喷油孔，凭借自身的压力差，在压缩过程中将油喷到压缩腔，以冷却气体，密封各部件间隙，并起到吸振、消声及润滑的作用。

## 5 透平型压缩机的用途和润滑要求有哪些?

透平型压缩机包括离心式、轴流式、混流式压缩机，通常作为大排量的压缩机使用。其结构简单、紧凑，运动件只有一个带叶片的叶轮，工作时气流无脉动，振动小，且具有气腔与润滑油隔绝的特点，压缩气体中不含油，因此近年发展很快，应用范围日益广泛。其主要用途和润滑要求如下：

（1）用途

①离心式压缩机。主要应用于石油炼制、大型化肥生产等行业，尤其适用于压缩腐蚀性和有毒气体。

②轴流式压缩机。主要用于大型高炉、天然气液化、石油炼制及大型制气装置等，一般作为低压力、大排量的压缩机使用。

③混流式压缩机。它的使用范围较窄，适用于需要中压和中等排量的生产场合。

（2）润滑特点

透平型压缩机的润滑油与气腔隔绝，润滑部位是轴承、联轴节、调速机构和轴封。其中高速旋转的润滑轴承是主体，故可以采用蒸气轮机轴承润滑所建立的技术理论。

透平型压缩机与透平机的润滑条件相似，可以采用汽轮机油或高质量的合成烃型压缩机油来润滑。

## 6 压缩机油的作用和主要性能是什么?

压缩机油主要用于压缩机汽缸运动部件及排气阀的润滑，并起防锈、防腐、密封和冷却作用。由于压缩机一直处于高压、高温及有冷凝水存在的环境中，因此压缩机油应具有优良的高温氧化安定性、低的积炭倾向性、适宜的黏度和黏温性能、良好的油水分离性、优良防锈防腐性及抗泡性等。

## 7 压缩机油是如何分类的?

压缩机油有多种分类方法，如按压缩机工作原理、压缩介质和用途进行分类。

我国修改采用ISO 6743-3:2003制定了现行的GB/T 7631.9—2014《润滑剂、工业用油和相关产品（L类）的分类 第9部分：D组（压缩机）》，规定了空气压缩机润滑剂、气体压缩机润滑剂、制冷压缩机润滑剂的详细分类和合理使用范围。

（1）空气压缩机润滑剂分类

针对压缩腔室有油润滑的容积型空气压缩机，将往复的十字头和筒状活塞或滴油回转（滑片）式压缩机用油分为L-DAA（普通负荷）和L-DAB（苛刻负荷）两种；将喷油回转（滑片和螺杆）式压缩机用油分为L-DAG（换油周期小于2000h）、L-DAH（换油周期2000～4000h）、L-DAJ（换油周期大于4000h）三种。

针对压缩腔室无油润滑的容积式空气压缩机及离心式和轴流透平式压缩机，润滑部位为轴承、齿轮和运动部件，GB/T 7631.9—2014标准中没有进行分类规定。

针对压缩腔室有油润滑的容积型真空泵，将往复式、滴油回转式、喷油回转式（滑片和螺杆）真空泵用油分为L-DVA（低真空、无腐蚀气体）和L-DVB（低真空、无腐蚀气体）两种；将油封式（回转滑片和回转柱塞）真空泵用油分为L-DVC（中真空、无腐蚀气体）、L-DVD（中真空、无腐蚀气体）、L-DVE（高真空、无腐蚀气体）、L-DVF（高真空、无腐蚀气体）四种。

（2）气体压缩机润滑剂

在容积型往复式和回转式气体压缩机中，将不同压力下的气体压缩机润滑剂分为五种，其中用于小于$10^4$kPa压力的矿油型气体压缩机油有L-DGA（深精制矿物油基）、L-DGB（具有吸湿性的特定矿物油基）两种；用于大于$10^4$kPa压力的合成型气体压缩机油的有L-DGC（烃类气体、$NH_3$、$CO_2$）、L-DGD（HCl、$CL_2$、$O_2$、CO）、L-DGE（$N_2$、$H_2$、Ar）三种。

（3）制冷压缩机润滑剂

制冷压缩机润滑剂按制冷剂类型、与制冷剂互溶性、润滑剂组分和压缩机类型等进行分类，共有L-DRA、L-DRB、L-DRC、L-DRD、L-DRE、L-DRF、L-DRG七种。其中适用于氨（$NH_3$）制冷剂的冷冻机油有L-DRA（不互溶）、L-DRB（互溶）两种；适用于氢氟烃（HFC）制冷剂的冷冻机油有L-DRC（不互溶）、L-DRD（互溶）两种；适用于氯氟烃（CFC）、氢氯氟烃（HCFC）制冷剂的冷冻机油有L-DRE（互溶）一种；适用于二氧化碳（$CO_2$）制冷剂的冷冻机油有L-DRF（互溶）一种；适用于烃类（HC）制冷剂的冷冻机油有L-DRG（互溶）一种。

具体分类及使用范围详见表5.1~表5.3。

表5.1　空气压缩机润滑剂的分类（GB/T 7631.9—2014）

| 组别符号 | 应用范围 | 特殊应用 | 更具体应用 | 产品类型和（或）性能要求 | 产品代号（ISO-L） | 典型应用 | 备　注 |
|---|---|---|---|---|---|---|---|
| D | 空气压缩机 | 压缩腔室有油润滑的容积型空气压缩机 | 往复的十字头和筒状活塞或滴油回转（滑片）式压缩机 | 通常为深度精制的矿物油，半合成或全合成液 | DAA | 普通负荷 | 见标准附录A |

续表

| 组别符号 | 应用范围 | 特殊应用 | 更具体应用 | 产品类型和（或）性能要求 | 产品代号（ISO-L） | 典型应用 | 备 注 |
|---|---|---|---|---|---|---|---|
| D | 空气压缩机 | 压缩腔室有油润滑的容积型空气压缩机 | 往复的十字头和筒状活塞或滴油回转（滑片）式压缩机 | 通常为特殊配制的半合成或全合成液，特殊配制的深度精制的矿物油 | DAB | 苛刻负荷 | 见标准附录A |
| | | 压缩腔室有油润滑的容积型空气压缩机 | 喷油回转（滑片和螺旋杆）式压缩机 | 矿物油、深度精制的矿物油 | DAG | 润滑剂更换周期≤2000h | |
| | | | | 通常为特殊配制的深度精制的矿物油或半合成液 | DAH | 2000h<润滑剂更换周期≤4000h | |
| | | | | 通常为特殊配制的半合成或全合成液 | DAJ | 润滑剂更换周期>4000h | |
| | | 压缩腔室无油润滑的容积型空气压缩机 | 液环式压缩机，喷水滑片和螺杆式压缩机，无油润滑往复式压缩机，无油润滑回转式压缩机 | | — | — | 润滑剂用于齿轮、轴承运动部件 |
| | | 速度型压缩机 | 离心式和轴流式透平压缩机 | | — | — | 润滑剂用于轴承和齿轮 |

## 表5.2 真空泵润滑剂的分类（GB/T 7631.9—2014）

| 组别符号 | 应用范围 | 特殊应用 | 更具体应用 | 产品类型和（或）性能要求 | 产品代号（ISO-L） | 典型应用 | 备 注 |
|---|---|---|---|---|---|---|---|
| D | 空气压缩机 | 压缩腔室有油润滑的容积型真空泵 | 往复式、滴油回转式、喷油回转式（滑片和螺杆）真空泵 | — | DVA | 低真空、用于无腐蚀气体 | 低真空为$10^{-1}$~$10^{2}$ kPa |
| | | | | — | DVB | 低真空、用于无腐蚀气体 | |
| | | | 油封式（回转滑片和回转柱塞）真空泵 | — | DVC | 中真空、用于无腐蚀气体 | 中真空为$10^{-4}$~$10^{-1}$ kPa |
| | | | | — | DVD | 中真空、用于无腐蚀气体 | |
| | | | 油封式（回转滑片和回转柱塞）真空泵 | — | DVE | 高真空、用于无腐蚀气体 | 高真空为$10^{-8}$~$10^{-4}$ kPa |
| | | | | — | DVF | 高真空、用于无腐蚀气体 | |

表5.3 气体压缩机油分类（GB/T 7631.9—2014）

| 组别符号 | 应用范围 | 特殊应用 | 更具体应用 | 产品类型和（或）性能要求 | 产品代号（ISO-L） | 典型应用 | 备 注 |
|---|---|---|---|---|---|---|---|
| D | 气体压缩机 | 容积型往复式和回转式压缩机，用于除制冷循环或热泵循环或空气压缩机以外的所有气体压缩机 | 不与深度精制矿物油发生化学反应或不会使矿物油的黏度降低到不能使用程度的气体 | 深度精制矿物油 | DGA | <10MPa压力下的$N_2$、$H_2$、$HN_3$、Ar、$CO_2$，<1MPa压力下的CO，任何压力下的He、$SO_2$、$H_2S$、Ar | 氨会与某些润滑油中所含的添加剂反应 |
| | | | 用于DGA油的气体，但含有湿气或凝缩物 | 特定矿物油 | DGB | <10MPa压力下的$N_2$、$H_2$、$HN_3$、Ar、$CO_2$ | 氨会与某些润滑油中所含的添加剂反应 |
| | | | 在矿物油中有高的溶解度而降低其黏度的气体 | 通常为合成液 | DGC | 任何压力下的烃类，>10MPa压力下的$NH_3$、$CO_2$ | 氨会与某些润滑油中所含的添加剂反应 |
| | | | 与矿物油发生化学反应的气体 | 通常为合成液 | DGD | 任何压力下的烃类HCl、$Cl_2$、$O_2$和富氧空气，>1MPa压力下的CO | 对于$O_2$和富氧空气应禁止使用矿物油，只有少数合成液是合适的 |
| | | | 非常干燥的惰性气体或还原气（露点<-40℃） | 通常为合成液 | DGE | >10MPa压力下的$H_2$、$N_2$、Ar | 这些气体使润滑困难，应特殊考虑 |

说明：高压下气体压缩可能会导致润滑困难（咨询压缩机生产商）；

用户在选用DGC、DGD、DGE三种合成液时应注意品牌相同的产品化学组成可能不同，因此未向供应商咨询前不得混用。

## 8 空气压缩机“普通负荷”和“苛刻负荷”的区别

空气压缩机“普通负荷”和“苛刻负荷”划分的准则是防止在高温空气排放系统中有过量的润滑油残留或结焦，使空气压缩机油满意可靠运行。

①往复式和滴油回转式空气压缩机负荷划分取决于以下参数（表5.4）：

a）压缩机设计。冷却方式、压缩级数、滑片速度、润滑油停留时间等。

b）环境条件。吸入空气温度、冷却剂温度、起催化作用的尘埃或气体的存在等。

c）操作条件。连续或间断运转、排气系统布置、维护保养、换油期等。

②喷油回转式空气压缩机负荷负荷划分取决于以下参数（表5.5）：

a）压缩机设计。排气压力和压力比，压缩级数、油循环率、油分离系统等。

b）环境条件。吸入空气温度和湿度、污染物（尘埃或气体）的存在等。

c）操作条件。连续或间断运转、维护保养、换油期、排气温度等。



表5.4 往复式和滴油回转式空气压缩机负荷的规定

| 负荷 | 产品代号（ISO-L） | 操作条件 | | |
|---|---|---|---|---|
| | | 排气温度/℃ | 压力差/MPa | 排气压力/MPa |
| 普通负荷 | DAA | ≤165 | ≤2.5 | ≤7.0 |
| 苛刻负荷 | DAB | ＞165 | ＞2.5 | ＞7.0 |

注：排气温度：汽缸排气阀的最高温度；
压力差：汽缸吸气阀和排气阀的最高压力差；
排气压力：汽缸排气阀的最高压力；
普通负荷：所有使用条件满足时使用；
苛刻负荷：其中任何一项使用条件满足或所有条件满足时使用。

表 5.5 喷油回转式空气压缩机负荷的规定

| 负荷 | 产品代号（ISO-L） | 工作循环 | 操作条件 |
|---|---|---|---|
| 普通负荷 | DAG | 接近连续或连续运转 | 在任何一级的排气阀上空气/润滑剂的最高温度＜100℃ |
| 苛刻负荷 | DAH | 间断运行 | 油箱中润滑剂日常循环温度从室温～＜100℃，或在任何一级的排气阀上空气/润滑剂的最高温度＞100℃ |
| | | 连续运行 | 在任何一级的排气阀上空气/润滑剂的最高温度＞100℃ |

注：当出现下列情况时推荐使用苛刻负荷用油：
①空气相对湿度较高（大于80%）；
②循环油量低。

## 9 压缩机油的规格主要有哪些？

国际上压缩机油具有代表性的规格为DIN 51506—2017和ISO 6521.1—2019/ISO 6521.2—2021。

德国国家工业标准DIN 51506—2017，该标准按使用温度将产品分为VB、VBL、VDL三类，其中VB系列品种为不含添加剂（或抗氧剂浓度不超过0.02%）的纯矿物基压缩机油，属于轻负荷型空气压缩机油，用于最高压缩空气温度为140℃压缩机；VBL系列品种则含有抗老化性能的添加剂，属于中等负荷型空气压缩机油，用于最高压缩空气温度为140℃压缩机：VDL系列品种属于高压、重负荷型空气压缩机油，用于最高压缩空气温度为220℃压缩机。

ISO压缩机油系列规格中，目前国际最新标准为ISO 6521.1—2019《DAA、DAB

往复式和滴油回转式空气压缩机润滑油》，ISO/TS 6521.2—2021《DAG、DAH和DAJ喷油回转压缩机油》。

我国早期GB/T 12691—1990《空气压缩机油》标准是参照德国空气压缩机油规格DIN 51506-1985制定的，包括L-DAA（轻负荷）、L-DAB（中负荷），为矿油型产品。另外还制定了GB/T 5904—1986《轻负荷滴油回转式空气压缩机油》，为矿油型L-DAG类产品。

GB/T 12691—2021《空气压缩机油》标准包括往复式或滴油回转式空气压缩机油L-DAA、L-DAB和喷油回转式空气压缩机油L-DAG、L-DAH、L-DAJ共五类产品。不仅将GB/T 5904—1986《轻负荷滴油回转式空气压缩机油》L-DAG类产品纳入其中，还增加了L-DAH、L-DAJ两类产品技术要求。GB/T 5904—1986随之作废。

另外，我国铁道部也制定了TB/T 3257—2011《铁路机车空气压缩机油》。

## 10 空气压缩机油的主要品种及性能特点是什么？

L-DAA/DAB空气压缩机油，有矿物型、半合成型及全合成型三种，是用量最多应用最广泛的一种，分32、46、68、100、150、220六个黏度等级，产品质量性能满足GB/T 12691—2021；随着设备的技术进步，半合成型及全合成型的满足重负荷L-DAB空气压缩机油需求越来越大，产品质量性能多满足企标要求或ISO 6521.1—2019规格；对L-DAA/DAB空气压缩机油，我国新版GB/T 12691—2021规格中与ISO 6521.1—2019规格相比，增加了220黏度级别，对老化特性控制较严格，但在倾点、泡沫性指标要求上比ISO 6521.1—2019规格略低。

L-DAG轻负荷喷油回转式空气压缩机油，为矿油型产品，分32、46、68三个黏度等级，该产品在原来GB/T 5904—1986规格要求基础上增加了100℃运动黏度、旋转氧弹、酸值等要求，严控了泡沫性指标，质量标准满足GB/T 12691—2021要求；该类产品最新国标GB/T 12691—2021在泡沫性指标上严于ISO/TS 6521.2—2021规格，在倾点、空气释放值、氧化稳定性（干法TOST氧化要求2000h以上）、抗磨性等性能控制上低于ISO/TS 6521.2—2021规格要求。

L-DAH喷油回转式（螺杆）空气压缩机，通常为矿油型或半合成型产品，分32、46、68三个黏度等级，产品质量性能满足GB/T 12691—2021或企标要求。国际最新标准为ISO/TS 6521.2—2021规格，该类产品除具有良好的氧化稳定性、防锈性、抗泡性、抗乳化性外，还增加了极压抗磨性要求，换油期可达3500h，适用于苛刻负荷螺杆空气压缩机的润滑。

L-DAJ喷油回转式（螺杆）空气压缩机，通常为全合成型产品，分32、46、68

三个黏度等级，产品质量性能满足GB/T 12691—2021或企标要求。该类产品具有优良的氧化稳定性、极压抗磨性、防腐防锈性、抗泡性、抗乳化性等性能，具有4000h以上长换油期，可满足各种苛刻负荷螺杆式、滑片式空气压缩机的润滑、冷却及密封等要求。

烃类气体压缩机油，大多为全合成型产品，通常以聚醚为基础油，加入高效多功能复合添加剂调制而成，黏度等级通常为150、220，但有些特殊产品如高压聚乙烯压缩机油黏度等级在260 ~ 280（40℃运动黏度），往复式天然气压缩机气缸油黏度等级为460，该类产品具有较高的黏度指数，除满足防腐、抗泡等压缩机基本性能要求外，还需满足抗液态庚烷冲洗能力等特殊要求，产品质量性能多满足企标要求，适用炼油厂、油气田、焦化厂、矿井等领域天然气、瓦斯气、液化丙烷、乙烯、丁二烯、聚乙烯等烃类气体的增压输送、灌瓶和分离回收的气体压缩机的润滑。

## 11 合成型空气压缩机油主要有哪几种？与矿物型相比具有哪些优点？

合成型压缩机油所用基础油主要有合成烃（聚α-烯烃）、有机酯（双酯）、聚烷撑二醇、氟硅油和磷酸酯五种，与矿油型相比具有高温稳定性好，高温下不易生成积炭，使用温度宽，倾点低，挥发性小，使用寿命长等优点，但因价格昂贵，只用于矿油型压缩机油不能承受的各种苛刻条件下的压缩机。

## 12 压缩机油积炭倾向性与压缩机着火爆炸的关系有哪些？

（1）积炭倾向性、积炭形成原因

压缩机油生成积炭的能力称为积炭倾向性。这种倾向性越小越好。世界上压缩机着火爆炸事故的发生多与压缩机积炭多相关。因此压缩机油积炭倾向性大小对压缩机的安全可靠运行非常重要。

众所周知，油品中易生成积炭的物质主要是胶质、沥青和多环芳烃聚合物，润滑油料经深度精制大多可除去。所以，压缩机油一般采用低黏度、深精制、不含重质光亮油的窄馏分作基础油（残炭值低），使用中不易积炭，在添加剂的选用上尽量避免使用有灰添加剂。

润滑油老化特性测定法（GB/T 12709）和减压蒸馏出80%残留物性质的测定（GB/T 9168）是国内外评定空压机油积炭倾向普遍采用的试验方法。

压缩机的积炭生成过程如图5.1所示。

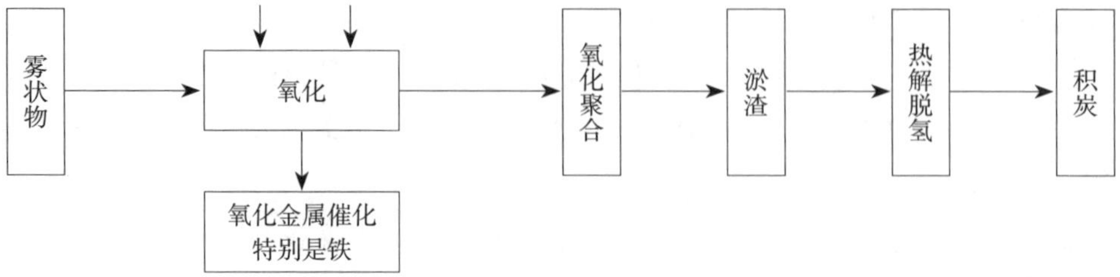


图5.1　积炭形成原因

（2）压缩机着火爆炸原因

回转式空压机的特点是体积小、转速快等，油品在使用过程中循环速度也快，油品受到剧烈的搅拌，极易产生气泡，油品的老化、极性物质的产生促使油品更易起泡且难以消除。在常压下，油中溶有一定量空气，而在高压下，油中溶解的空气更多。因此压缩机在启动或泄压时，油中有大量空气释放出来，造成大量泡沫灌入油气分离器，使系统阻力增大、油耗增加、压缩机产生过载严重、超温等异常现象。

在压缩机气缸内，雾状油与高压、高温空气和金属催化剂直接接触，油急剧氧化分解，聚合成炭，此时导热性变差，使温度升高，在排气阀上形成大量积炭，使气阀动作失灵，造成空气二次压缩及炭氧化放热，使温度继续升高，当温度升至油品自燃点时便开始燃烧，当排气系统内空气、油蒸气、裂解气、CO混合达到爆炸极限时，会发生着火爆炸。

使用积炭倾向大的低质量压缩机油时易在排气系统生成大量积炭，会引起着火爆炸，直接危害生产和人身财产的安全，在操作条件改变时，因此要求空压机油和积炭倾向性要小。

## 13 如何正确选用空气压缩机油?

①对于压缩腔室有油润滑的容积型空气压缩机，需根据压缩机的设计类型、环境条件、操作负荷选择空气压缩机油。

a）长期高温环境（>30℃）下，选用L-DAB油，高速、水冷、低压、小压缩比的压缩机可选用低黏度压缩机油；

b）空冷活塞式轴输出功率<20kW，选用32（环境温度<-10℃时）、46、100号L-DAA、L-DAB油；

c）水冷活塞式选用68或100号L-DAA油；

d）滴油回转式选100、150、220号L-DAB油；

e）喷油回转式选32号L-DAG，L-DAH或L-DAJ油。

②对于压缩腔室无油润滑的容积型空气压缩机，如液环式压缩机、喷水滑片和

螺杆式压缩机、无油润滑往复式压缩机、回转式压缩机，润滑油仅用于润滑齿轮、轴承和运动部件，一般使用齿轮油或蜗轮蜗杆油，而不用专门的压缩机油。

③对速度型压缩机，如离心式和轴流式透平压缩机，润滑剂也仅用于轴承和齿轮的润滑，一般使用汽轮机油而不用专门的压缩机油。

## 14 如何根据不同的介质选择压缩机油？

在气体压缩机中，压缩介质的成分和性质将与所采用的润滑方式和润滑材料的选取密切相关。选错油不仅会影响设备运行与维护，还会引起安全事故。如在氧气压缩机里，氧气会使矿物性润滑油剧烈氧化而引起压缩机燃烧和爆炸，因此应避免采用矿油润滑，或者采用无油润滑的方式。表5.6中给出了压缩不同类型化学介质的压缩机选油参考。

表5.6　不同压缩介质压缩机选用润滑油参考

| 介质类型 | 对润滑油的要求 | 气缸内用润滑 |
|---|---|---|
| 空气 | 因有氧，对油的抗氧化性要求高，油的闪点应比最高排气温度高40℃ | 矿物油、合成油空气压缩机油 |
| 氢、氮 | 无特殊的影响，可用压缩空气时用的油 | 矿物油、合成油空气压缩机油 |
| 氩、氖、氦 | 此类气体稀有贵重，经常要求气体中绝对无水、不含油，应用膜片压缩机 | 矿物油型压缩机油、汽轮机油 |
| 氧 | 使矿物油剧烈氧化而爆炸，不可用矿物油 | 多采用无油润滑，或采用氟油润滑 |
| 氯（氯化氢） | 在一定条件下与烃起作用生成氯化氢 | 用浓硫酸或无油润滑（石墨） |
| 硫化氢<br>二氧化碳<br>一氧化碳 | 润滑系统要求干燥。因水分溶解气体后生成酸，会破坏润滑油性能 | 防锈汽轮机油或矿物油型压缩机油或合成压缩机油 |
| 氮氧化碳<br>二氧化硫 | 能与油互溶，会降低油黏度。系统保持干燥，防止生成腐蚀性酸 | 防锈汽轮机油或压缩机油或合成压缩机油 |
| 氨 | 如有水分会与油的酸性氧化物生成沉淀，还会与酸性防锈剂生成不溶性皂 | 抗氨汽轮机油 |
| 天然气 | 湿而含油 | 干气可用矿物型压缩机油，湿气用合成压缩机油 |
| 石油气 | 会产生冷凝液，稀释润滑油 | 矿物型压缩机油或合成压缩机油 |
| 乙烯 | 在高压合成乙烯的压缩机中，为避免油进入产品，影响性能，不用矿物油 | 合成压缩机油或白油、液体石蜡 |
| 丙烷 | 易与油混合而稀释，纯度高的用无油润滑 | 聚乙二醇基合成压缩机油 |

续表

| 介质类型 | 对润滑油的要求 | 气缸内用润滑 |
| --- | --- | --- |
| 焦炉气<br>水煤气 | 这些气体对润滑油没有特殊破坏作用，但比较脏，含硫较多时会有破坏作用 | 矿物型压缩机油或合成压缩机油 |
| 煤气 | 杂质较多，易弄脏润滑油 | 矿物型压缩机油或合成压缩机油 |

## 15 螺杆式压缩机油换油有哪些注意事项?

螺杆压缩机油是特种油，必须有专人管理，防止在日常中发生混油事故。以下9条事项是日常润滑管理中需要注意的：

①不同牌号、档次的螺杆式压缩机油禁止混用。

②换螺杆压缩机油必须放尽旧油，同时更换机油旁路滤清器、机油过滤器、油气分离细滤器、粗滤器过滤元件；然后检查设备和润滑系统，检查集滤器、空气滤清器、单向阀、温控报警器等是否完好。

③换油时，如果油泥不多，装入1/2的新油后，运转15～60min进行清洗后放净，再装满新油正常运行（建议采取每次装1/3新油，运转5～10min后放净，重复两次，再装新油，清洗效果好得多，实际操作表明1次清洗后，压缩机油路系统几乎不可能干净，这将极大影响新油的使用效果）。如果油泥积炭太多，可拆开油缸后，用人工清除油泥和积炭，然后用专用清洗剂清洗，但是清洗完后，必须要用干燥空气吹干，再加入清洗油清洗100min后，放净清洗油，最后加入新油正常运行。

④螺杆式空压机油的换油操作中，严禁采用不放旧油直接补加新油或将旧油过滤后又重复使用的方式。

⑤换油时间不是一个固定值，设备、环境、机械杂质的影响均可加速油品的老化。为防止积炭、结焦，使用过程中要注意观察润滑油的颜色、黏度、酸值等，一旦出现较大变化则要考虑换油或调整设备。

⑥油温过高发生跳闸一定要找到原因，不能为了维持生产甩掉保护装置。

⑦发现润滑油蒸发损失很大，应首先检查油气分离器是否穿孔。

⑧要在现场记录更换润滑油和其他元件的更换时间，检查记录，落实责任人。

⑨灰尘的堆积是影响压缩机冷却装置换热效果、导致油温异常升高的主要原因之一，应定期清洁油冷却器。

## 16 空气压缩机油换油周期是如何规定的？换油指标有哪些?

压缩机因结构形式不同，以及压缩介质、操作条件、压缩机油的质量、工作环境的差异，难以笼统地确定一个统一的压缩机油换油时间，通常会对润滑油进行定期抽样分析，根据分析结果决定是否换油。压缩机油换油指标中需监、检测的项目为黏度变化率、酸值、闪点、水分、正庚烷不溶物（或机械杂质）及氧化安定性（旋转氧弹），通常有一项指标达到换油指标时，应考虑换油。

国内压缩机油换油指标有NB/SH/T 0538—2013《轻负荷喷油回转式空气压缩机油换油指标》及TB/T 3257—2011附录B《铁路机车压缩机油换油指标》。

（1）往复式空压机油

铁路机车往复式空气压缩机油换油指标（TB/T 3257—2011）见表5.7。

表5.7　铁路机车往复式压缩机油换油指标

| 项目 | | TKY46W | TKY200W | 试验方法 |
|---|---|---|---|---|
| 运动黏度变化率[1]/% | 40℃ | 超过±10 | — | GB/T 265或GB/T 11137 |
| | 100℃ | — | 超过±10 | |
| 闪点（开口）/℃ | | ＜180 | ＜210 | GB/T 3536 |
| 机械杂质/% | | ≥0.08 | ≥0.1 | GB/T 511 |
| 水分/% | | ＞0.1 | | GB/T 260 |
| 酸值/（mgKOH/g） | | ＞0.7 | | GB/T 7304或GB/T 264 |

注：（1）运动黏度变化率：$\Delta v=\dfrac{\text{使用中油的运动黏度实测值-新油运动黏度实测值}}{\text{新油运动黏度实测值}}\times 100\%$。

（2）回转式空压缩机油

轻负荷喷油回转式空气压缩机油换油指标（NB/SH/T 0538—2013）见表5.8。

表5.8　轻负荷喷油回转式空气压缩机油换油指标

| 项　目 | 指　标 | 试验方法 |
|---|---|---|
| 运动黏度（40℃）变化率/%　　超过 | ±10 | GB/T 265 |
| 酸值增加值/（mgKOH/g）　　大于 | 0.2 | GB/T 7304 |
| 正戊烷不溶物（质量分数）/%　　大于 | 0.2 | GB/T 8926 |
| 氧化安定性（旋转氧弹，150℃）/min　　小于 | 50 | SH/T 0193 |
| 水分（质量分数）/%　　大于 | 0.1 | GB/T 260 |

铁路机车螺杆式压缩机油换油指标（TB/T 3257—2011）见表5.9。

表5.9 铁路机车螺杆式压缩机油换油指标

| 项目 | TKY32L | TKY46L | TKY57L | 试验方法 |
|---|---|---|---|---|
| 40℃运动黏度变化率[1]/% | 超过±10 | | | GB/T 265或GB/T 11137 |
| 闪点（开口）/℃ | <200 | | | GB/T 3536 |
| 酸值/（mgKOH/g） | >0.6 | | | GB/T 7304或GB/T 264 |
| 不溶物/% | >0.15 | | | GB/T 8926 |
| 水分/% | >0.1 | | | GB/T 260 |

注：（1）同表5.7中运动黏度变化率。

## 17 压缩机油更换和使用中应注意哪些？

压缩机油更换和使用中注意事项：

①不同牌号、不同档次的压缩机油禁止混用；

②如达到或超过换油指标，应全部或部分更换和补充新油。更换时必须放尽旧油。严禁采用补加或过滤又重用的办法，因为虽然表面看压缩机油颜色相近，但添加剂的消耗可能已经超过极限。

③如果油泥不多，装入1/2新油后，运转15~60min放净，再装满新油正常运行。如果油泥积炭太多，可拆开油缸，用专用清洗剂人工清洗，然后用干燥空气吹干，再加入油泥积炭清洗油（跑和油）清洗100~200min，放净后加入新油正常运行。否则不仅可能破坏油品添加剂性能，还可能导致安全事故。

④换油时应同时更换机油旁路滤清器，机油过滤器、油气分离细滤器、粗滤器过滤元件等、检查机滤器、空气滤清器、单向阀、温控报警器等是否完好。

# 第6章

# 冷冻机油基础知识

## 1 制冷系统的组成是什么?

制冷系统是制冷装置中循环工作系统的简称，通常包括制冷压缩机、冷凝器、膨胀阀（或冰箱、空调等一些小型制冷系统中代替膨胀阀的毛细管）、蒸发器等主要功能设备及储液器（或集液器）、感温控制器、制冷剂、润滑油等辅助组成部分。

在制冷系统的循环做功过程中，只有压缩机是连续运转的动力设备，其他均为静止设备。

## 2 制冷压缩机定义、作用及性能指标是什么?

（1）定义　制冷压缩机是一种特殊的蒸发式气体压缩机，能够通过电机的驱动为制冷剂在制冷系统中的单向循环提供动力，使制冷剂依次完成吸气、压缩、冷凝、膨胀、蒸发（吸收环境的热量）的循环制冷过程。

（2）作用　制冷压缩机是冰箱、冷柜、空调、冷库及其他一些工业制冷装置的关键设备。在制冷过程中，制冷压缩机在动力（电机）的驱动下，不断地将蒸发器中低温低压的制冷剂蒸气压缩成高压高温的过热蒸气，经冷凝器冷却到常温进入蒸发器挥发制冷，以维持制冷剂在制冷系统中的循环流动。

（3）性能指标　制冷压缩机的关键性能指标有：制冷量、输入功率（kW）、性能系数（COP，kW/kW）等。其中，制冷量是指在规定的工况条件下，制冷压缩机在单位时间内从被冷却物或空间中吸取的热量值，常用来衡量制冷机的制冷能力；输入功率是指制机组为获得标准制冷量所消耗的功率总和（电能）；性能系数是指制冷压缩机消耗单位功所获得的制冷量，它是衡量制冷压缩机能效比的一项重要指标。

## 3 制冷压缩机分类及其应用有哪些?

制冷压缩机通常按压缩机工作方式、蒸发器温度、密封结构形式及使用的制冷剂不同进行分类，分活塞式、螺杆式、转子式、离心式、轴流式、高温制冷、中温制冷、低温制冷、开启式、半封闭式、全封闭式、氨制冷、全封闭空调制冷压缩机等（见表6.1）。

根据设计方案及应用场所的不同，制冷系统所选用的制冷压缩机种类和规格各不相同。通常，小功率的全封闭型活塞式及旋转式制冷压缩机用于家用冰箱及冷柜；全封闭型转子式及小型涡旋式制冷压缩机多用于家用空调；开启式、半封闭型的螺杆式或大功率活塞式压缩机主要用于商用空调、化工及医药制冷。离心式压缩机组通常是专为满足大功率使用要求的工作场所而设计。

表6.1　制冷压缩机分类及工作特点

| 序号 | 分类方法 | 类型 | 工作特点 | 典型压缩机结构 |
|---|---|---|---|---|
| 1 | 工作方式 | 容积型 | 通过改变工作腔的容积，实现制冷剂的吸气、压缩、排气等过程 | 往复式：活塞式压缩机<br>回转式：螺杆式、转子式及涡旋式压缩机 |
| | | 速度型 | 高速旋转的工作叶轮将吸入的制冷剂蒸气提速至压力升高后，完成排气过程 | 离心式压缩机、轴流式压缩机 |
| 2 | 蒸发温度范围 | 高温 | −10 ~ 0 ℃ | 高温制冷压缩机 |
| | | 中温 | −15 ~ 0 ℃ | 中温制冷压缩机 |
| | | 低温 | −40 ~ −15 ℃ | 低温制冷压缩机 |
| 3 | 密封结构的形式 | 开启式 | 压缩机的曲轴机构在机体之外，通过传动装置与电机相连 | 开启式压缩机 |
| | | 半封闭式 | 电动机和压缩机共用一根主轴，装在可拆卸的机体内 | 半封闭压缩机 |
| | | 全封闭式 | 电动机和压缩机连成一体，固定在全密封式的机壳里面 | 全封闭压缩机 |
| 4 | 使用的制冷剂 | HCFC氟利昂R22 | 采用氟利昂类物质为制冷剂 | R22（二氟一氯甲烷）压缩机 |
| | | $NH_3$液氨型 | 采用液氨为制冷剂 | 氨制冷压缩机 |
| | | HFC | 绿色环保 | 全封闭空调压缩机 |
| | | HFC 134a | 绿色环保 | 低温制冷压缩机 |
| | | HC及混合制冷剂 | 绿色环保 | 全封闭压缩机 |

## 4 制冷剂是如何分类的？特性是什么？

制冷剂，也常被称作冷媒、工质、制冷工质等，是制冷系统中承担蒸发吸热功能的流体介质，是制冷系统的一个重要组成部分。

在制冷压缩机中，除离心式制冷压缩机外，制冷剂都要与压缩机润滑油相接触，两者的互溶性及相容性是很重要的问题。事实上，同一种制冷剂与各种冷冻机油之间的互溶特性，往往有很大的差异。而不同种类的制冷剂，在与各类冷冻机油共存时的热化学稳定性（即相容性）也不尽相同。

常用的制冷剂种类很多，通常根据物质组成、与冷冻机油的互溶性、蒸发温度等方面的差异，对常用制冷剂进行分类，具体如下：

（1）根据制冷剂的化学组成可为六类：①无机物制冷剂。如：氨R717、二氧化碳R744等。②卤代烃制冷剂（氟氯烃CFC和氢氟氯烃HCFC）。如：R12、R22、

R123、R134a等。③碳氢化合物制冷剂（HC）。如：丙烷R290、异丁烷R600a等。④环烷烃的卤代物、链烯烃的卤代物类（HFO/HCFO）制冷剂。如：四氟丙烯HFO-1234yf（简称R1234yf）、1-氯-3,3,3-三氟丙烯HCFO-1233zd（E）［简称R1233zd（E）］等。⑤共沸制冷剂。如R502、R507等。⑥非共沸制冷剂。如：R407c、R410A等。

（2）根据制冷剂与冷冻机油的互溶程度，主要分为互溶和不互溶两种类型：R744、R134a、R407c、R410A等制冷剂与矿型油不互溶，但这些制冷剂与聚酯或聚醚类合成冷冻机油有较好的互溶性。

（3）根据制冷剂常温下在冷凝器中冷凝时饱和压力$P_k$和标准蒸发温度$t_o$的高低不同，又可分为三种类型：①低压高温制冷剂，冷凝压力$P_k \leqslant 2 \sim 3\text{kgf/cm}^2$（绝对），$t_o > 0$℃。如R-11、R-21这类制冷剂适用于空调系统的离心式制冷压缩机中。通常30℃时，$P_k \leqslant 3.06\text{kgf/cm}^2$。②中压中温制冷剂，冷凝压力$P_k < 20\text{kgf/cm}^2$（绝对），0℃>$t_o$>-60℃。如R717、R22等，这类制冷剂一般用于普通单级压缩和双级压缩的活塞式制冷压缩机中。③高压低温制冷剂，冷凝压力$P_k \geqslant 20\text{kg/cm}^2$（绝对），$t_o \leqslant -70$℃。如二氧化碳、乙烷、乙烯等，这类制冷剂适用于复迭式制冷装置的低温部分或-70℃以下的低温装置中。

理想的冷媒应该是：无毒、不爆炸、对金属及非金属无腐蚀作用、不燃烧、泄漏时易于察觉、化学性安定、对润滑油无破坏性、具有较大的蒸发潜热、对环境无害。

制冷剂的特性通常包括ODP（臭氧消耗潜能值）、GWP（全球变暖潜能值）、标准沸点、临界压力、毒性、可燃性及安全性等方面，制冷行业中常见的制冷剂及相关的特性指标见表6.2。

表6.2　常见制冷剂及相关的特性指标

| 制冷剂 | ODP值 | GWP值 | 标准沸点/℃ | 毒性 | 可燃性及安全性 | 临界压力/MPa | 备注 |
|---|---|---|---|---|---|---|---|
| R22（一氯二氟甲烷） | 0.034 | 1700 | -40.82 | 低毒 | 不燃 | 4.974 | |
| R123（三氟二氯乙烷） | 0.02 | 77 | 27.6 | 低毒 | 不燃 | 3.673 | 替R11 |
| R600a（异丁烷） | 0 | 20 | -11.72 | 无毒 | 易燃易爆 | 3.64 | |
| R717（氨） | 0 | 0 | -33.4 | 高毒 | 易燃 | 11.277 | |
| R744（二氧化碳） | 0 | 1 | -78.52 | 无毒 | 不燃 | 7.38 | |
| R290（丙烷） | 0 | 20 | -42.04 | 无毒 | 易燃易爆 | 4.25 | |
| R32（二氟甲烷） | 0 | 0.11 | -53.15 | 无毒 | 可燃 | 5.808 | 替R502 |
| R134a（四氟乙烷） | 0 | 1300 | -26.07 | 低毒 | 不燃 | 4.06 | 替R12 |

续表

| 制冷剂 | ODP值 | GWP值 | 标准沸点/℃ | 毒性 | 可燃性及安全性 | 临界压力/MPa | 备注 |
|---|---|---|---|---|---|---|---|
| R407C（混合工质） | 0 | 1700 | -43.56 | 低毒 | 不燃 | 4.62 | 替R22 |
| R410A（混合工质） | 0 | 1700 | -51.53 | 低毒 | 不燃 | 4.95 | 替R22 |
| HFO-1234yf（2,3,3,3-四氟丙烯） | 0 | 4 | -29.5 | 无毒 | 微可燃（不易燃） | 3.38 | 替R134a |
| HFO-1234ze（E）1,3,3,3-四氟丙烯（反式） | 0 | 6 | -18.95 | 无毒 | 微可燃（不易燃） | 3.636 | 替R134a |
| HCFO-1233zd（E）（反式-1-氯-3,3,3-三氟丙烯） | 0 | 7 | 19 | 无毒 | 不燃 | 3.57 | 代R123 |

## 5 消耗臭氧潜能值（ODP）与全球变暖潜能值（GWP）是如何定义的？目前常用的制冷剂类型主要有哪些？

消耗臭氧潜能值（ODP）是一种物质破坏大气臭氧层的一个指数。ODP表示大气中氯氟碳化物质对臭氧破坏的相对能力，以CFC-11（R11）为1.0。ODP值越小，制冷剂的环境特性越好。指某种物质在其大气寿命期内，造成的全球臭氧损失相对于同质量的CFC-11排放所造成的臭氧损失的比值。所有具有臭氧破坏潜值的制冷剂都已经或将要按照《蒙特利尔议定书》的要求淘汰。

全球变暖潜能值（GWP）是一种物质产生温室效应的一个指数。GWP是在100年的时间框架内，制冷剂的温室效应对应于相同效应的二氧化碳的质量。二氧化碳被作为参照气体，是因为其对全球变暖的影响最大。烃类制冷剂的GWP值一般比二氧化碳高，但排放量小很多。

为了防止臭氧层被破坏和气候变暖，《京都议定书》和《蒙特利尔议定书》都已严格规定了发展中国家冻结和淘汰氢氟氯烃（HCFC）制定剂的时间表。我国到2030年除维修用途保留少量HCFC制冷剂（主要为R22）外，将实现全部淘汰。

欧盟MAC指令旨在减少乘务车和轻型商用车空调系统的温室气体排放量。该指令要求自2017年1月1日起，所有在欧洲销售的车辆必须采用全球变暖潜能值（GWP）低于150的制冷剂。

美国环境保护署已批准使用具有低全球变暖潜值的HFO-1234yf制冷剂替代R134a制冷剂，R134a已经计划于2021年禁止在新型乘务车和轻型卡车汽车空调系统中使用。

目前我国制冷行业使用最多的制冷剂：HCFC类制冷剂，主要包括R22、R123、R141b、R142b等；氢氟烃（HFC）制冷剂，主要包括R32、R134a、R410a等；烃类（HFC）等天然工质制冷剂，主要包括氨（R717）、异丁烷（R600a）、丙烷（R290）、二氧化碳（R744）及温室效应和全球变暖潜能值（GWP）低的不饱和氢氟烃HFOs类制冷剂如HFO-1234yf、HFO-1234ze等，。

我国的GB/T 7778—2017《制冷剂编号方法和安全性分类》规定了制冷剂的编号方法，根据毒性和可燃性数据对制冷剂进行安全分类，以及确定制冷剂浓度限值。

## 6 车用空调环保冷媒R744（二氧化碳）与R1234yf应用中有哪些差异?

目前最为常见的空调制冷剂为 R134a，但由于其温室效应潜能值（GWP）高，不环保，R134a 制冷剂将逐步被取代。R744（二氧化碳）和R1234yf分别是R134a最好和合适的替代品。

R744的GWP为1、安全等级为A1，环保且安全。R744与R134a的参数有很大的差异性，应用在热泵中具体体现在：①由于R744沸点较低，制冷系统在工作时需要高压力，增加了新的制造成本；②R744制热性能好，即使在-20℃下运行，COP也能达到2，明显高于R134a。

R1234yf的GWP为1，大气寿命仅为10~12天，较为环保。R1234yf与R134a有很多相似的参数：①从热物性质看，可直接将R1234yf灌注到原空调系统中工作，减少了研发制造成本；②从制热性看，R134a存在低温运行效率低的问题，同样在R1234yf中也存在。从安全性看，R1234yf安全等级是A2L，具有弱可燃性。R1234yf由美国杜邦和霍尼韦尔联合开发，专利权卡脖子，欧洲曾经对该制冷剂进行过反垄断调查。另外，R1234yf冬季性能较差，在-5℃以下，R1234yf制热效果有限。

## 7 制冷系统对冷冻机油的性能要求是什么?

冷冻机油是对制冷压缩机运转部件进行润滑和密封的专用润滑油。它需要与制冷剂结合在一起，在压缩机中从高温到低温大跨度循环运行，也是决定和影响制冷系统制冷功效的一个重要组成部分。冷冻机油在系统中的使用效果与制冷系统设计的工况特点、系统用压缩机及制冷剂的特性等因素是密不可分的。

制冷系统中各组成部分的功能不同，对配套用冷冻机油的使用要求也有所不同，详见表6.3。

表6.3 制冷系统各部件对油品的性能要求

| 部件 | 对冷冻机油的性能要求 |
|---|---|
| 压缩机 | 制冷剂兼容性：与制冷剂共存时具有良好的化学稳定性；<br>润滑性：保证油品被制冷剂稀释后，仍具有较好的润滑效果；<br>抗磨性：防止制冷压缩机运转部件磨损；<br>高温热稳定性：避免油品在排放阀等高温部位产生积炭；<br>抗泡性：避免油品产生大量泡沫，导致压缩机润滑不良、气蚀；<br>密封材料相容性：防止因密封材料被溶胀、腐蚀造成系统泄漏；<br>绝缘性能：在半封闭式和全封闭式制冷压缩机中，电动机浸在冷冻机油中，因此要求冷冻机油具有良好的电绝缘性能 |
| 冷凝器 | 制冷剂互溶性：防止油沉积在冷凝器管壁、影响散热 |
| 膨胀阀 | 低温性：防止油中的蜡及絮状物析出、堵塞管路；<br>制冷剂互溶性：防止油品析出、堵塞管路；<br>水分低：防止冰塞现象 |
| 蒸发器 | 低温性：防止油中的蜡及絮状物析出、影响制冷效率；<br>制冷剂互溶性：防止油品析出、影响制冷效率；<br>水分低：防止冰塞现象 |

冷冻机油润滑部位：①活塞式制冷机主要润滑部位为活塞与气缸壁、连杆轴瓦与活塞销或曲柄销、主轴颈与前后轴承轴瓦、曲轴箱、轴封及阀门等。②螺杆式制冷机主要润滑部位为凸凹螺杆的转动啮齿部分、螺杆前后的滑动轴承、主动螺杆的平衡活塞等；离心式制冷机主要润滑部位为增速齿轮、主轴承、轴端密封面等。由于活塞往复运动可能有部分润滑油进入汽缸并随高速气体带入系统中，同时由于润滑油蒸发也可能进入系统中与制冷机混合，混合后的润滑油经过分离器大部分可以分离，也有少量仍随制冷剂进入冷却器等设备内。温度降低，润滑油冷凝，附着在冷却器和系统的管壁形成油膜，使传热效果降低，冷藏室的温度增高。另外，高压制冷剂气体也可能渗透到润滑油中，使润滑油稀释。

冷冻机油在工作过程中，一部分会随制冷剂一道进入冷凝器和蒸发器，这就要求冷冻机油不仅具备一般润滑剂的特性，而且还要适应制冷系统的特殊要求。冷冻机油需具有以下性能：①适宜的黏度；②良好的黏温特性和低温性能；③与冷媒具有良好的互溶特性；④优良的氧化安定性和高温热稳定性；⑤良好的润滑性；⑥与制冷剂有良好的化学稳定性；⑦与绝缘材料和密封材料有优良的适应性；⑧低的吸水性和良好的抗泡性能；⑨在封闭式制冷机中使用时应有良好的电绝缘性。另外，还需挥发性小、闪点高、不含水和杂质。

## 8 冷冻机油主要作用是什么？主要应用领域有哪些？

冷冻机油是制冷剂压缩机的专用润滑油，是制冷系统中决定和影响制冷装置功能和效果的至关重要的组成部分，在压缩机中起“润滑、密封、防锈和冷却”的作用。

冷冻机油主要作用：

①降低摩擦功、摩擦热和磨损；

②在密封部位充满油，保证密封性能，防止制冷剂的泄漏；

③油的运动带走金属摩擦产生的磨屑，起到清洗摩擦面的作用；

④为卸载机构提供液压的动力。

冷冻机油主要应用于电冰箱压缩机、车用空调压缩机、热泵压缩机、一般工业制冷设备的润滑。

## 9 冷冻机油是如何分类的？其典型应用范围是什么？

我国冷冻机油分类标准GB/T 7631.9—2014与国际ISO 6743-3:2003冷冻机油分类标准完全相同。

制冷压缩机油（冷冻机油）按制冷剂类型、与制冷剂互溶性、润滑剂组分和压缩机类型等进行分类，共有L-DRA、L-DRB、L-DRC、L-DRD、L-DRE、L-DRF、L-DRG七种产品。

其中适用于氨（$NH_3$）制冷剂的冷冻机有分L-DRA（不互溶）、L-DRB（互溶）两种；

适用于氢氟烃（HFC）制冷剂的冷冻机油有L-DRC（不互溶）、L-DRD（互溶）两种；

适用于氯氟烃（CFC）、氢氯氟烃（HCFC）制冷剂的冷冻机油有L-DRE（互溶）一种；

适用于二氧化碳（$CO_2$）制冷剂的冷冻机油有L-DRF（互溶）一种；

适用于烃类（HC）制冷剂的冷冻机油有L-DRG（互溶）一种。

具体分类及使用范围详见表6.4。

表6.4 制冷压缩机油（冷冻机油）分类（GB/T 7631.9—2014）

| 组别符号 | 应用范围 | 制冷剂 | 润滑剂类别 | 部分润滑剂类型（典型-非包含） | 产品代号（ISO-L） | 典型应用 | 备注 |
|---|---|---|---|---|---|---|---|
| D | 制冷压缩机 | 氨（$NH_3$） | 不互溶 | 深度精制的矿物油（环烷基或石蜡基）、烷基苯、聚α-烯烃 | DRA | 工业用和商业用制冷 | 开启式或半封闭式压缩机的满液式蒸发器 |
| | | | 互溶 | 聚（亚烷基）二醇 | DRB | 工业用和商业用制冷 | 直接膨胀式蒸发器；聚（亚烷基）二醇用于开启式压缩机或工厂组装装置 |

续表

| 组别符号 | 应用范围 | 制冷剂 | 润滑剂类别 | 部分润滑剂类型（典型-非包含） | 产品代号（ISO-L） | 典型应用 | 备注 |
|---|---|---|---|---|---|---|---|
| D | 制冷压缩机 | 氢氟烃（HFC） | 不互溶 | 深度精制的矿物油（环烷基或石蜡基）、烷基苯、聚α-烯烃 | DRC | 家用制冷、民用和商用空调、热泵、公交空调系统 | 适用于小型封闭式循环系统 |
| | | | 互溶 | 多元醇酯、聚乙烯醚、聚（亚烷基）二醇 | DRD | 车用空调、家用制冷、民用和商用空调、热泵、商用制冷包括运输制冷 | — |
| | | 氯氟烃（CFC）、氢氯氟烃（HCFC） | 互溶 | 深度精制的矿物油（环烷基或石蜡基）、烷基苯、多元醇酯、聚乙烯醚 | DRE | 车用空调、家用制冷、民用和商用空调、热泵、商用制冷包括运输制冷 | 制冷剂中含氯有利于润滑 |
| | | 二氧化碳（$CO_2$） | 互溶 | 深度精制的矿物油（环烷基或石蜡基）、烷基苯、聚α-烯烃、聚（亚烷基）二醇、多元醇酯、聚乙烯醚 | DRF | 车用空调、家用制冷、民用和商用空调、热泵 | 聚（亚烷基）二醇用于开启式车用空调压缩机 |
| | | 烃类（HC） | 互溶 | 深度精制的矿物油（环烷基或石蜡基）、烷基苯、聚α-烯烃、聚（亚烷基）二醇、多元醇酯、聚乙烯醚 | DRG | 工业制冷、家用制冷、民用和商用空调、热泵 | 典型应用是工厂组装低负载装置 |

## 10 冷冻机油主要规格有哪些?

国内外的冷冻机油标准较多，代表冷冻机油主流和先进水平的有：

国际标准ISO 6521-3—2019《DRA、DRB、DRC、DRD、DRE、DRF和DRG制冷压缩机油规范》，分DRA（与氨$NH_3$不互溶）、DRB（与氨$NH_3$互溶）、DRC（氢氟烃HFC，不互溶）、DRD（HFC氢氟烃，互溶）、DRE（与氯氟烃CFC互溶、与氢氯氟烃HCFC互溶）、DRF（与二氧化碳$CO_2$互溶）和DRG（与烃类HC互溶）七个品种。

德国DIN 51503-1—2011《润滑剂-冷冻机油-第1部分：规范》；分为KA（氨）、KB（二氧化碳）、KC（HCFC/CFC氯氟烃）、KD（HFC氢氟烃）和KE（HC烃类）等五个品种。

日本标准JIS K2211—2009《冷冻机油》，先以应用设备进行分类，然后再以制冷剂的情况细分，分Type 1（用于电冰箱压缩机）、Type 2（用于车用空调压缩机）、Type 3（用于热泵压缩机）、Type 4（用于除使用$NH_3$制冷剂外的一般工业制冷设备）、Type 5（用于使用$NH_3$制冷剂的一般工业制冷设备）五类产品。

我国的GB/T 16630—2012《冷冻机油》，性能指标非等效采用德国的标准DIN 51503-1—1997，但分类方法采用的是ISO 6743-3—2003，分L-DRA（氨$NH_3$不互溶）、L-DRB（氨$NH_3$互溶）、L-DRD（HFC氢氟烃）、L-DRE（HCFC氯氟烃）、L-DRG（HC烃类）五个品种。

NB/SH/T 0849—2010《汽车空调合成冷冻机油》，为R134a（$CHF_2CHF_2$）HFC类产品规格。

## 11 我国冷冻机油标准水平与其他国家相比有何特点？

我国冷冻机油标准GB/T 16630—2012是综合其他标准所长，根据我国的制冷剂使用情况和压缩机情况制定的。

我国冷冻机油标准GB/T 16630—2012相对于DIN 51503-1以及国际标准、英国标准和日本标准，设置的指标项目更多。把性能指标也分为两部分内容，一部分是基本性能要求，另一部分是其他技术要求（是否检测及指标由供需双方商定）。在基本性能要求上，DRD冷冻机油设置了15项指标，DRE冷冻机油设置了18项，而国际标准中DRD冷冻机油和DRE冷冻机油都只设置了12项，德国标准中的KC和KD也就只设置了8项，因为我国标准将德国标准中的其他技术要求中的铜片腐蚀、击穿电压、化学稳定性等项目也加入了基本性能要求中，也就成为必须要求的项目，除此之外，还多一项台架试验，这个是其他标准没有的。其他性能要求上，我国也设置了比较关键的油/制冷剂混合物黏度，以及与制冷剂相溶性等指标。总体来说，我国的标准相比国外的标准更加严苛。

但我国没有针对与氢氟烃（HFC）制冷剂不相溶的DRC型冷冻机油，也没有针对二氧化碳（$CO_2$）制冷剂的DRF型冷冻机油标准。

## 12 冷冻机油主要品种和性能特点有哪些？

冷冻机油按组成分矿物类冷冻机油和合成型冷冻机油两大类。

冷冻机油由于其系统中制冷介质的特殊性，不同的制冷介质采用不同的冷冻机油，即使是同一介质，由于技术路线的不同，也有可能采用不同类型的冷冻机油，如CFC类含氯制冷剂一般采用矿物类冷冻机油，HCFC类制冷剂既有矿物类也有合成型冷冻机油，HFC类制冷剂则几乎全部采用合成型冷冻机油。由于环境法规的限制，新兴制冷剂不断涌现，推动了合成冷冻机油的发展。

与目前常用制冷剂配套使用的冷冻机油主要品种及性能特点细分如下：

（1）氢氟氯烃类（HCFC）冷冻机油

HCFC制冷剂的典型代表是R22制冷剂。R22属于过渡型制冷剂，已处于被淘汰的边缘。配套用的L-DRE冷冻机油一般为以环烷基矿物油或与烷基苯类混合的半合成型产品，该类产品絮凝点较低，适用于以R22为工质的各类家用制冷，民用商用空调，热泵设备，特别是蒸发温度为-35℃以上的开式及半封闭式工业制冷机组。

（2）氢氟烃（HFC）制冷剂冷冻机油

氢氟烃（HFC）制冷剂主要为R134a、R410a/ R407c、R32。因为矿物油和烷基苯与HFC制冷剂的相溶性差，配套用的L-DRD冷冻机油多为合成酯（POE，多元醇酯）和聚醚（PAG，聚亚烷基二醇）两大类，主要用于冰箱、家用空调以及汽车空调系统。

冰箱、家用空调一般采用全封闭式压缩机，要求冷冻机油具有较高的电绝缘性能，聚醚由于电绝缘性与其他冷冻机油相比处于劣势，在冰箱往复式压缩机可靠性试验中证明，酯类油有很好的可靠性。R134a制冷剂汽车空调所使用的冷冻机油为聚醚，这主要是汽车空调要求冷冻机油与R134a具有合适的相溶性、对压缩机滑动部位具有良好的润滑性、耐水解性和材料适应性。考虑到汽车空调配管中使用橡胶软管混入水分难以避免，而合成酯冷冻机油存在水解问题，聚醚型特别是末端改性的聚醚型冷冻机油，具有更好的化学安定性和抗吸水性效果，与R134a的相溶性更好，更能有效抑制金属腐蚀，已经成为汽车空调用冷冻机油的主流。

R410a为目前家用空调使用的主要HFC制冷剂，对应使用的冷冻机油主要为合成酯或聚乙烯醚，家用空调压缩机是全封闭式的，要求冷冻机油具有良好的电绝缘性，而聚醚（PAG，聚亚烷基二醇）电绝缘性明显不足，聚乙烯醚类尚可。多元醇合成酯具有优良的润滑性和热安定性，与R410a具有良好的互溶性。使用合成酯时，为防止水解，需要在制冷循环管路上安装干燥器。

HFC制冷剂R32，臭氧层破坏系数（ODP）为0，温室效应全球变暖潜能值（GWP）低，具有可燃性，排气温度比R410a高10℃左右，但与R410A制冷剂相比，R32饱和压力高约3%，排气温度高8～15℃，功率高3%～5%，能效比高约5%。所以要求冷冻机油具有优良的热安定性。聚乙烯醚（PVE）型冷冻机油与R32的互溶性明显改善，COP 值高于R32/POE、R410A/POE组合。

（3）氨（$NH_3$）制冷剂冷冻机油

氨制冷剂一直以来被用于工业冷冻机组和商业空调设备等大型制冷装置，非常重视低温流动性，所以配套用的L-DRA/DRB冷冻机油一直使用低温流动性好的环烷基矿物油、烷基苯和聚α-烯烃。对于直接膨胀式蒸发器，采用与氨具有相溶性的聚醚作为冷冻机油，可解决蒸发器内冷冻机油滞留问题和低温时黏度增加而产生的回流问题。随着机器小型化，聚醚冷冻机油由于极性强，和氨一样对橡胶密封件等有机材料须进行适当选择，以提高实际应用的可靠性。

（4）二氧化碳（$CO_2$）制冷剂冷冻机油

随着天然制冷剂应用技术的不断发展，汽车空调所用的替代冷媒R134a有被二氧化碳再次取代的趋势。二氧化碳是早在200多年前就开始使用的制冷剂，由于没有危险性，所以多用于船舶冷冻库。二氧化碳临界温度低，为31.1℃，临界压力为7.38MPa，其优点是臭氧层破坏系数（ODP）为0，温室效应全球变暖潜能值（GWP）为1，无毒性，不燃烧，价格便宜，不需要回收，可降低机器的压力比，适用于目前所使用的制冷系统，配套使用L-DRF冷冻机油以高温热安定性、化学安定性和润滑性好的聚醚为主。

二氧化碳制冷剂热泵用压缩机为全封闭型，要求电绝缘性好。虽然聚醚电绝缘性差，但二氧化碳本身电绝缘性好。电阻率测定结果表明，相对于R410a，二氧化碳与聚醚的电绝缘性好。另外，由于二氧化碳制冷剂热泵装置都处于高温下，所以要求冷冻机油具有高温环境下的安定性和润滑性；二氧化碳汽车空调也是如此，汽车空调与热泵相比较，制冷剂用量较大，冷冻机油与二氧化碳混合液黏度降低，所以要求冷冻机油具有在高浓度二氧化碳条件下的润滑性。

而在冷冻机油的润滑性方面，提高二氧化碳制冷剂冷冻机油润滑性的关键问题是二氧化碳溶解量。选择适当化学结构的合成酯可以控制二氧化碳溶解量。聚醚不用改变基本结构，而是通过提高聚合度，增大黏度来满足润滑要求。

目前跨临界二氧化碳制冷系统中常选用聚醚、聚乙烯醚、酯类油、烷基苯、聚α-烯烃等合成润滑油。酯类油与二氧化碳的互溶性最好，聚乙烯醚次之，聚醚和聚α-烯烃与二氧化碳部分互溶，而烷基苯油与二氧化碳则几乎不互溶。聚醚润滑油稳定性好，黏温性能优越，在超临界条件下能够提供良好的润滑，使用寿命较长。

在二氧化碳制冷剂冷冻机油的化学安定性方面，由于二氧化碳吸收水分后会生成无机酸，加速冷冻机油氧化，所以对冷冻机油的化学安定性要求更加苛刻。一般情况下，合成酯的水含量要求不超过100mg/kg。与合成酯相比，聚醚酸值增加少，更适合作为二氧化碳冷冻机油。

（5）烃类（HC）制冷剂冷冻机油

近年来，烃类制冷剂广泛用于家用电冰箱。欧洲从1992年开始采用异丁烷作为冰箱制冷剂。德国有90%以上的冰箱采用异丁烷，我国也有采用异丁烷作为替代R12的制冷剂用于家用冰箱。异丁烷制冷剂压缩机配套采用L-DRG环烷基冷冻机油进行润滑。异丁烷不含氯元素，冷冻机油配方设计上仍然需要特别考虑润滑问题。

烃类制冷剂与矿物油分子结构为同一类型，所以相溶性好，溶解度高，用烃类制冷剂的电冰箱一般为往复式压缩机，以节能为目的，冷冻机油有低黏度化的趋势。L-DRG矿物型冷冻机油通常是将石蜡基矿物油通过异构化脱蜡或采用加氢环烷基油作基础油，降低倾点，同时添加抗氧剂和磷系抗磨剂，提高其减摩抗磨性能。

（6）HFO制冷剂冷冻机油

R134a由于具有温室效应，难以避免被淘汰，替代制冷剂HFO-1234yf使用效果与R134a接近。改性聚醚型冷冻机油与HFO制冷剂的相溶性好并同时具有优良的化学稳定性。

## 13 合成型冷冻机油品种和性能特点是什么？

合成型冷冻机油主要有烷基苯（AB）、聚α-烯烃（PAO）合成烃、聚醚（PAG）、多元醇酯（POE）和聚乙烯醚（PVE）类等品种。

（1）烷基苯（AB）冷冻机油

烷基苯冷冻机油特点：与制冷剂HCFCs 冷媒如R22有极好的相溶性；与制冷剂共存下有较好的热稳定性和化学稳定性；优异的抗磨损性能；较好的低温性能；良好的氧化安定性。

烷基苯（AB）冷冻机油主要适用于以R22、R123、R124、R401A、R401B、R402A、R402B、R408A、R409A、R502 为制冷剂，且使用往复式（活塞式）、螺杆式或涡轮离心式压缩机的制冷及空调系统的润滑，特别是蒸发温度为-60℃以上的溢流式蒸发器的冷冻系统及热泵。市场用油主要包括工业机组用油、空调压缩机制造行业、热泵、汽车空调压缩机制造行业。

烷基苯（AB）冷冻机油主要优势有：出色的高温热稳定性质；与 HCFCs 出色的低温混溶性；与 MO矿油、PAO 互溶，当需要替换时无须清洗；成本低。

（2）聚α-烯烃（PAO）合成烃型冷冻机油

PAO合成冷冻机油与传统的环烷基油相比具有以下优点：黏度指数高；有很宽的黏度范围可选择；流动点低；絮凝点低；与制冷剂共存下热稳定性好；低挥发性；抗氨气稀释能力强；抗热及氧化降解能力优异。

PAO合成冷冻机油在制冷剂中的溶解度和混溶性低，在压力下制冷剂存在情况下能提供更厚的油膜，减少轴封泄漏；产品的稳定性好，挥发性低，可以消除传统矿物油可能出现的“轻馏分解吸”现象，用于严苛操作条件。

PAO合成冷冻机油主要用于以氨（R717）和二氧化碳作为制冷剂、在很高温度运行、长寿命、很低蒸发温度、工况为-50℃以下的深冷制冷系统的螺杆或活塞压缩机组。

（3）聚醚［PAG，聚（亚烷基）二醇］型冷冻机油

PAG合成冷冻机油具有杰出的热化学安定性，突出的抗磨和低温性能。特别是在HFC制冷剂中具有良好的高温互溶特性，保证了在制冷压缩机高温启动过程中，制冷剂存在条件下能提供更厚的油膜，减少轴封泄漏，有效地延长设备使用寿命。

PAG合成冷冻机油主要适用于R134a等HFC型冷媒的各类车用制冷空调、民用商用空调、工业制冷机组，特别是蒸发温度为-40℃以上的开式及半封闭式制冷机组。也适用于使用$CO_2$、HC、HFO为制冷介质的制冷系统的润滑。

（4）合成酯（POE，多元醇酯）冷冻机油

合成酯冷冻机油具有优良的电绝缘性能、低温相溶性能、热化学稳定性能。主要适用于以HFC制冷剂为制冷工质的工业制冷、冰箱、家用空调以及汽车空调系统。对于全封闭式压缩机，要求冷冻机油具有较高的电绝缘性，使用厂家更倾向于使用合成酯类冷冻机油。

多元醇酯（POE）冷冻机油的主要优势有：出色的高、低温黏温性能；天然的润滑性，酯类油的分子结构中含有较高活性的酯基基团，易于吸附在金属表面形成牢固的润滑油膜，具有较好的润滑性能；与HFC和HCFC出色的混溶性；与MO、PAO、AB、PAG和PVE互溶，当需要替换时无须清洗；可生物降解。

（5）聚乙烯醚（PVE）合成冷冻机油

PVE合成冷冻机油与R407C、R410A、R404A等HFC系冷媒的相溶性好；水解稳定性好；润滑性优良；电绝缘性好。PVE油的主要缺点为氧化安定性及热安定性不足，而且吸湿性也很高。

PVE合成冷冻机油主要用于HFC冷媒的空调以及低温制冷系统的压缩机，由于具有良好的电绝缘性，可以应用于各种密闭式压缩机。

## 14 冷冻机油选用时应考虑哪些因素?

冷冻机油的选用取决于制冷压缩机类型、所用的制冷剂类型及蒸发温度、制冷系统的工作方式等方面。通常，制冷剂的特点决定了所使用的冷冻机油类型；制冷压缩机的润滑要求则决定了所选冷冻机油的黏度牌号及质量等级。

（1）根据压缩类型选用润滑油

制冷压缩机的工作结构及工况不同，润滑要求也不同。冷冻机的压缩机有活塞式、螺杆式和离心式三种，前两种的润滑油与被压缩的制冷剂直接接触，要考虑到润滑油和制冷剂之间的相互影响问题。离心式所用的润滑油只是用来润滑转子轴承，也可根据负荷及转速的大小选用，压缩机的转速越高，使用冷冻机油的黏度应越大。

一般来说，大、中型的多缸、高速（活塞平均线速度3m/s以上的）、负荷较大的冷冻机，应选用黏度较大的冷冻机油产品，如：牌号为46、68或100冷冻机油；排气温度在145℃左右的高负荷冷冻机，多用牌号为68或100的冷冻机油；小型、微型或低速（活塞平均线速度不高于23m/s）的冷冻机，可用牌号为22或32的冷冻机油。

（2）根据制冷剂的类型选用润滑油

与制冷剂直接接触的润滑油，要考虑二者之间的相互影响。如氟里昂一类的制冷剂能溶于矿物油，因而选用的润滑油黏度等级，应比使用不溶性制冷剂的高一个等级，以防止润滑油被稀释后不能保证润滑。另外，还应注意混入制冷剂中的少量润滑油会不会影响制冷系统的工作。冷冻机油的絮凝点便是检查混入制冷剂中的润滑油是否析出蜡结晶而使制冷系统堵塞的质量指标。另外，冷冻机油的闪点必须高于压缩机的排气温度。

（3）根据制冷剂的蒸发温度选用润滑油

一般来说，制冷剂蒸发温度低的冷冻机，应选用絮凝点低的冷冻机油，以免被制冷剂携带到制冷系统中的润滑油凝结在节流阀和蒸发器上，影响制冷效率。用氨作制冷剂的冷冻机，所用润滑油的絮凝点应低于蒸发温度。用氟里昂作制冷剂的，润滑油的凝点可稍高于蒸发温度。

（4）根据制冷系统的工作方式选用润滑油

半封闭式和全封闭式制冷设备，由于电动机和压缩机一起封闭在一个机壳内，电动机与冷冻机油经常接触，因此要求冷冻机油有良好的绝缘性能（击穿电压不小于25kV），同时要求冷冻机油中的含水量要尽可能低（小于50mg/kg）；冷冻机油的冷却条件较差，要求所使用的冷冻机油要有较好的抗氧化安定性和稳定性（指氟利昂制冷剂），尤其是全封闭式制冷压缩机用的冷冻机油，一般要连续使用10～15年以上不换油，所以其使用的冷冻机油要有更好的氧化安定性和热稳定性。

开启式制冷压缩机由于没有密封外壳，其电动机和压缩机均暴露于空气中，电动机与冷冻机油也不接触，设备散热条件好，冷冻机油的工作条件比半封闭式和全封闭式制冷压缩机要缓和些，而且开启式制冷压缩机能经常换油，对冷冻机油的质量要求比半封闭式和全封闭式低。

## 15 常用制冷设备用冷冻机油如何选用?

常用制冷设备用冷冻机油选用见表6.5。

表6.5　常用制冷设备用油推荐

| 制冷设备类型 | 制冷剂 | 压缩机类型 | 推荐冷冻机油（参考举例） |
|---|---|---|---|
| 电冰箱 | R600a（异丁烷） | 普通型 | 矿油型DRG 10、15 |
| | | 节能型 | 矿油型DRG 5、7、8、10 |
| | R134a（四氟乙烷） | 普通型 | 合成酯型DRD 22 |
| | | 节能型 | 合成酯型DRD 7、10、15 |
| 家用空调 | R22（一氯二氟甲烷） | 往复式 | 矿油型DRE 32 |
| | | 回转式 | 矿油型 DRE 56 |
| | R290（丙烷） | 回转式 | 矿油型 DRG 56、68、100 |
| | R32（二氟甲烷） | 回转式 | 聚乙烯醚型、合成酯型 DRD 68 |
| | R407C（混合） | 回转式 | 合成酯型 DRD 68 |
| | R410A（混合） | 回转式 | 合成酯型、聚乙烯醚型 DRD 68 |
| 中央空调<br>各型冷库<br>商用冷冻机组<br>商用冷凝机组 | R22<br>R502（R22与R115混合） | 往复式 | 矿油型 DRE 32 |
| | | 回转式、离心式、涡旋式（高压） | 矿油型 DRE 56 |
| | | 涡旋式（低压） | 矿油型 DRE 32 |
| | | 通用 | 半合成型（矿物与烷基苯混合）DRE 46、DRE 68 |
| | | 通用 | 合成酯型、烷基苯型 DRE 56、68、100 |
| | R123（三氟二氯乙烷） | 离心式 | 半合成型（矿物与烷基苯混合）DRE 46、DRE 68<br>合成烷基苯型 DRE 46、DRE 68 |
| | R717（$NH_3$、氨气） | –30℃以上 | 矿物型 DRA 68 |
| | | –45℃以上 | 半合成型（矿物与聚α烯烃混合）DRA 68 |
| | | –60℃以上 | 合成烃型 DRA 68 |
| | R134a | 离心式 | 合成酯型 DRD 68 |
| | R404a、R407C、R410A | 往复式、回转式 | 合成酯型 DRD 68、120、170、220 |
| | R290 | 螺杆式 | 合成型聚醚DRG 68 |
| 冷冻、冷藏陈列展示柜 | R22 | 往复式 | 矿油型 DRE 32 |
| | | 回转式 | 矿油型或烷基苯 DRE 56 |
| | R502 | 往复式 | 矿油型 DRE 32 |
| | | 回转式 | 矿油型或烷基苯型 DRE 56 |
| | R134a | 回转式 | 合成酯型 DRD 32、46 |

续表

| 制冷设备类型 | 制冷剂 | 压缩机类型 | 推荐冷冻机油（参考举例） |
|---|---|---|---|
| 汽车空调 | R22 | 旋转斜盘式，涡旋式，回转式 | 矿物型 DRE 100 |
| | R134a（独立式） | 往复式 | 合成酯型 DRD 46、68、100、150 |
| | R134a（非独立式） | 斜盘式 | 合成型聚醚 DRD 46、68 |
| | | 旋叶式 | 合成型聚醚 DRD 100 |
| | | 涡旋式 | 合成型聚醚 DRD 56 |
| | R744（$CO_2$） | — | 合成型聚醚DRF 46、68、100 |
| | HFO-1234yf | — | 合成型聚醚DRD 46、68、100 |
| 冷藏车<br>冷藏船 | R22 | -30℃以上 | 矿物型 DRE 46 |
| | | -45℃以上 | 半合成型（矿物与烷基苯混合）DRE 46、DRE 68 |
| | | -60℃以上 | 合成烷基苯型 DRE 46、DRE 68 |
| | R134a、R407C、R410A | 通用 | 合成酯型 DRD 46、DRD68 |

注：（1）R22、R123 和R502均为HCFC类制冷剂，使用受到严格限制。
（2）示例中黏度等级的选择只是主要牌号，以商家设备说明书为准。

## 16 冷冻机油变质的主要原因

（1）混入水分　由于制冷系统中渗入空气，空气中的水分与冷冻机油接触后混合进去；制冷剂中含水量较多时，也会使水分混入冷冻机油。冷冻机油中混入水分后，黏度降低，对金属造成腐蚀。在氟利昂制冷系统中，还会引起“冰塞”现象。

（2）氧化　冷冻机油在使用过程中，当压缩机的排气温度较高时，就有可能引起氧化变质，特别是化学稳定性差的冷冻机油，更易变质，经过一段时间，冷冻机油中会形成残渣，使轴承等处的润滑变坏。有机填料、机械杂质等混入冷冻机油中也会加速它的老化或氧化。

（3）冷冻机油混用　几种不同牌号的冷冻机油混合使用时，会造成冷冻机油的黏度降低，甚至会破坏油膜的形成，使轴承受到损害；如果两种冷冻机油中，含有不同性质的抗氧化添加剂，混合在一起时，就有可能产生化学变化，形成沉淀物，使压缩机的润滑受到影响，故使用时要注意。

（4）冷冻机油中有杂质　冷冻机油中混入杂质，会促进油品氧化进而老化变质，同时会引起油路堵塞，会加速运动机件的磨损，减少设备使用寿命。

## 17 冷冻机油的换油周期是如何规定的？

①全封闭制冷系统中，冷冻机油与制冷系统是同寿命的，不需要定期对系统进行换油处理。

②冷冻机油的换油期主要是针对开启式及半封闭式制冷系统，设备状况不同，所适用的换油规定也不同。通常，压缩机厂商推荐的开启式机组换油周期为2000~3000h，半封闭机组的换油周期约为6000h。

③对于连续运转的开启式及全封闭式制冷系统，通常会对系统用冷冻机油进行定期的抽样检测，根据抽检结果决定是否需要换油，具体见表6.6。当冷冻机油出现颜色显著变深、黏度变化范围超过15%或酸值明显升高和闪点下降较多等现象之一时，需要对系统用油进行更换。

表6.6 冷冻机油的换油指标

| 项目 | 质量控制指标 | 备注 | 试验方法 |
|---|---|---|---|
| 外观 | 混浊 | 油品吸潮，导致油品变质 | 目测 |
| 颜色，号 | 与原有色号相比净增4色号 | 油品氧化变质 | GB/T 6540 |
| 水分/（mg/kg） | 100以上 | 系统内已混入水分和空气 | SH/T 0207 |
| 40℃运动黏度变化率/% | 与原有黏度值相比超过±15 | 油品变质 | GB/T 265 |
| 正戊烷不溶物/% | 0.1以上 | 油中混入金属磨屑和灰尘 | GB/T 8926 |
| 酸值/（mgKOH/g） | 0.5以上 | 油品氧化变质 | GB/T 4945 |

## 18 冷冻机油如何使用和管理？

冷冻机油在使用时主要考虑油品的运动黏度和凝点，以及闪点、酸值、击穿电压等。冷冻机油质量不合格一般是由水分和机械杂质以及氧化变质所引起的。如果管理不善，冷冻机油在长期贮存过程中会与空气中的氧气接触引起氧化变质，特别是水分的混入会引起蒸发系统产生冰塞现象，降低制冷能力，或引起设备腐蚀，产生乳化现象而恶化润滑条件，加速油品变质和使其绝缘性能败坏。防止冷冻机油中水分增加，是冷冻机油质量管理的重要环节。机械杂质会堵塞过滤器和油路，加剧运动部件摩擦面的磨损。使用要防止机械杂质进入油中。如果装油的容器不清洁，有锈和杂质或混有少量其他油品都会污染冷冻机油，降低冷冻机油质量。

防止冷冻机油变质，应采用以下措施：

①降低贮存温度　贮存温度越高，氧化反应速度越快，油也就容易氧化变质。

为了防止油品氧化变质，油料应放在温度较低的阴凉处，减少阳光暴晒。

②减少与空气接触　盛装油料的容器应尽可能装满，以减少与空气的接触机会和减少蒸发损失，延缓油品氧化变质。

③防止混入水和机械杂质　冷冻机油对水含量的要求十分严格，必须杜绝水分进入盛油容器。贮存的桶、罐等容器一定要配有胶圈，盖子一定要拧紧，密封贮存能保证油品的清洁，减少油料吸收空气中水分的机会。

④防止混油或污染变质　盛装冷冻机油的容器最好是专用的。装过其他油品的容器，未经彻底清洗处理，不允许盛装冷冻机油，以免冷冻机油被污染，影响冷冻机油质量。同名油料盛装在一起，盛装前必须进行混兑试验，若混兑后油品符合油料规格标准要求，方可考虑混装。

# 第7章 电气绝缘油基础知识

## 1 电气绝缘油的作用是什么?

电气绝缘油是变压器、电抗器、互感器等电气设备运行中的重要工作介质，主要起绝缘、散热冷却、灭弧和信息载体作用。在充油套管中主要起绝缘作用，在油开关中主要起灭弧和绝缘作用。

（1）绝缘作用　变压器油的介电常数（25℃）为2.2～2.3、击穿电压70kV/2.5mm，而空气的介电常数（25℃）约为1、击穿电压9kV/2.5mm。变压器油的绝缘强度要比空气的大得多。在电气设备中，变压器油可将不同电位（势）的带电部分隔离开来，增加了绝缘强度，使其不至于形成短路而被击穿。所以，变压器油也被称为液体绝缘材料或绝缘油。

（2）散热冷却作用　变压器在带电运行过程中，电流通过线圈（铜线），因电阻引起的功率损耗被称为“铜耗”，磁力线通过铁芯时，由于铁芯磁通发生作用引起的功率损耗，被称为“铁芯损耗”。这两部分损耗均以发热的形式表现出来，变压器油吸收线圈和铁芯产生的热量通过自然或强制循环冷却而使热量散发出去，从而保证设备的安全运行。

（3）灭弧作用　电气设备油浸开关在断开电力负荷时，其固定触头和滑动触头之间会产生电弧，高温使油发生剧烈的热分解，生成灭弧能力很强的气体（主要是氢气）和压力较高的气泡，瞬间吸收大量的热并传导至油中，从而将触头冷却，达到了灭弧的目的。

（4）信息载体作用　电气设备带电运行，不能轻易拆检设备来判断是否存在故障或缺陷，电力部门是通过分析运行中变压器油的溶解气组成和糠醛含量来监测变压器的运行状态。如油中含气量的增加显示了密封变压器密封上的缺陷、油中气体成分是反映设备内部潜伏性故障的征兆；固体绝缘材料老化反映油中水分、酸值、糠醛等含量的增加等，因此变压器油还起到信息载体的作用。

## 2 电气绝缘油性能要求有哪些?

电气绝缘油根据其应用特点，需具有以下四类特性：

（1）功能特性　为与绝缘和冷却性能相关的性质。包括最低冷态投运温度、黏度、密度、倾点、水含量、击穿电压、介质损耗因数；

（2）精制/稳定性　受原油类型、精制质量及添加剂影响的性质。包括外观、界面张力、硫含量、酸值、腐蚀性硫、抗氧化剂、2-糠醛含量。

（3）运行性能　为与油的长期运行条件和（或）对高电场应力和温度的反应相

关的性质。包括氧化安定性、析气性和带电倾向性等。

（4）健康、安全和环境因素　与人体健康、安全运行和环境保护相关的性质。包括闪点、稠环芳烃含量（PCA）和多氯联苯（PCB）含量。

优质绝缘油应具有：①优良的电气绝缘性能，绝缘强度高，介质损耗因数小；②黏度小，散热快，冷却性能好；③良好的氧化安定性，使用寿命长；④倾点低，有好的低温流动性；⑤闪点高，蒸发性小，保证在运行中的温度下能安全工作。

## 3 电气绝缘油是如何分类的?

电气绝缘油根据其基础油来源可分为矿物油型、合成油型（硅绝缘油、合成酯）和植物油型（天然酯）三大类。

我国电气绝缘油分类标准GB/T 7631.15—1998是等效采用国际电工委员会的IEC 1039:1990，目前国际最新分类标准已为IEC 61039:2008。我国现已等同采用IEC 61039:2008制定了GB/T 27750—2011《绝缘液体的分类》标准。绝缘液体为ISO-L大类产品中N组产品，具体的产品详细分类是由一组特定字母（4个）代表的品种和一组数字代表的识别码（7位）联合组成的，充分考虑了绝缘液的应用领域、有无添加剂、燃点、组分、标准类别、低热值、最低冷启动温度及可生物降解性等因素，其分类原则如下

（1）品种代号编码原则 绝缘液品种由4个字母组成，具体见表7.1。

表7.1　绝缘液的编号原则

| 项目 | 品种代码组成 | | | |
|---|---|---|---|---|
| 字母顺序 | 第1个字母代表组别 | 第2个字母代表应用领域 | 第3个字母代表有无抗氧添加剂 | 第4个字母代表燃点范围 |
| 字母含义 | N：电气绝缘 | T：变压器和开关 | U：无添加剂 | O：燃点 ≤300 ℃ |
| | | S：-10℃运行的设备开关 | T：有微量添加剂 | K：燃点 >300 ℃ |
| | | C：电容器 | I：有添加剂 | L：液体燃点无法测定 |
| | | Y：电缆 | | |

（2）数字识别码编码原则 识别码由7位数字联合组成，见表7.2。

表7.2　绝缘液的数字识别码编码

| 项目 | 数字识别码组成 | | | | |
|---|---|---|---|---|---|
| 数字顺序 | 前3个数字代表IEC相关标准 | 第4个数字代表IEC相关标准的篇号 | 第5个数字代表低热值范围 | 第6个数字代表最低冷起动温度（LCSET） | 第7个数字代表可生物降解性（OECD 301C/F） |

续表

| 项目 | 数字识别码组成 | | | | |
| --- | --- | --- | --- | --- | --- |
| 数字含义 | 296：变压器油和开关用油 | 0：IEC标准无篇号时 | 1：低热值≥42MJ/kg | 0：LCSET无规定 | 0：不可生物降解（分解的ThOD≤20%） |
| | 465：充油电缆 | | 2：低热值32～42MJ/kg | 1：LCSET≥0℃ | 1：可轻微生物降解（40%≥分解的ThOD>20%）; |
| | 836：硅绝缘液体 | | 3：低热值<32MJ/kg | 2：0℃>LCSET≥-10℃ | 2：可较好地生物降解（70%≥分解的ThOD>40%） |
| | 867：合成芳烃绝缘液体 | 1：IEC 60867第1篇<br>2：IEC 60867第2篇<br>3：IEC 60867第3篇 | | 3：-10℃>LCSET≥-30℃ | 3：可完全生物降解（分解的ThOD>70%） |
| | 963：聚异丁烯 | | | 4：-30℃>LCSET≥-40℃ | |
| | 099：合成有机酯 | | | | |
| | 000：无IEC相关标准 | | | | |

注：ThOD代表理论需氧量。

## 4 电气绝缘油主要规格有哪些？

电气绝缘油产品标准可分为两类，一类是国际、国家标准，另一类是变压器制造商或运营商的企业标准。

（1）矿物型电气绝缘油代表性规格

国际电工委员会的IEC 60296：2020《电工流体 电气设备用矿物绝缘油》，新版标准增加了循环矿物绝缘油，同时根据运行特性，将变压器油分为A型和B型，A型绝缘油为含抗氧剂油，比B型具有更好的氧化安定性。在质量性能要求方面：①增加了颜色及指标要求；②提高了界面张力指标要求；③增加了热氧化应力下的产气特性指标限值。除此之外，根据某些特殊设备要求，还列出了一些附加性质，如带电倾向（ETC）、析气性和热物性等性质，如有需要，这些附加性质由供需双方协商确定具体的限值。

美国试验材料协会的ASTM D3487—2016《用于电力设备的矿物绝缘油》，根据抗氧剂含量分为I类（抗氧剂含量>0.08%）和Ⅱ类（抗氧剂含量>0.3%）。

英国国家标准BS 148—2020、德国国家标准DIN VDE 0370-1、日本国家标准JIS C2320—1999。

典型的企业标准有美国DOBLE的TOPs标准、西门子SIEMENS的TUN 901293标准，ABB的1ZBA 117 001标准。

我国GB 2536—2011《电工流体 变压器和开关用的未使用过的矿物绝缘油》修改采用IEC 60296：2003制定的，分为变压器油通用类、变压器油特殊类和低温开关油三类。其中，变压器油通用类、变压器油特殊类按最低冷态投运温度（LCSET）分0℃、-10℃、-20℃、-30℃、-40℃五个品种，低温开关油只有-40℃一个品种。变压器油特殊类比变压器油通用类氧化安定性指标更苛刻，增加了带电倾向要求，适用于高温下运行的变压器或为延长使用寿命而设计的变压器。

（2）合成型电气绝缘油代表性规格

IEC 60836：2015《电工用未使用过的硅绝缘液体规范》。

IEC 60867：1993《未用过的合成芳烃绝缘液体规格》。

IEC 61099：2010《绝缘液体 电工用未使用过的合成有机酯规范》。

我国GB/T 21218—2007《电气用未使用过的硅绝缘液体》，等同采用IEC 60386：2005制定，只变压器硅液体（T1型）一个品种，其组成为不加添加剂的聚二甲基硅氧烷，具有较高的闪点和燃点，主要用于变压器，也可用于电缆附件、电容器、电磁铁等高温下工作的电气设备中。

我国GB/T 21221—2007《绝缘液体　以合成芳烃为基的未使用过的绝缘液体》，修改采用IEC 60867:1993制定，包括电容器和电缆用烷基苯、电容器用烷基二苯基乙烷、电容器用烷基奈、电容器用甲基多芳基甲烷（以单/双苄基甲苯M/DBT的混合物为基的）四个品种。

我国NB/SH/T 0945—2017《合成有机酯型电气绝缘液》，修改采用IEC 61099：2010制定，包括变压器用合成有机酯T1和电容器用合成有机酯C1两个品种。

（3）植物型电气绝缘油代表性规格

IEC 62770：2013《电工用液体　变压器和类似电气设备用未使用过的天然酯》。

ASTM D6871—2017《电气设备中使用的天然酯（植物油）标准规范》。

我国NB/T 10199—2019《电工流体　变压器及类似电气设备用未使用过的天然酯》，参照IEC 62770—2013制定，标准规定了变压器及类似油浸式电气设备中，作为绝缘和散热介质的未使用过的天然酯的性能要求及试验方法，适用于未使用过的天然酯，不包括再生天然酯及与非天然酯混合的绝缘液体。标准中天然酯是指具有良好的生物降解性和环境相容性的从种子中获得的植物油脂以及从其他合适生物材料中获得的油脂，其成分主要为甘油三酯，可以含有添加剂。但不包括从天然酯中提取的低黏度绝缘液体。

我国DL/T 1360—2014《大豆植物变压器油质量标准》。

## 5 矿物绝缘油IEC 60296—2020和ASTM D3487—2016规格在性能要求上有何异同?

在电力输变电系统中，各种形式的油浸变压器及大型变压器，充油最多的是矿物型变压器油。对于矿物型变压器油标准，国际上最通用的是IEC 60296—2020和ASTM D3487—2016，全球大多数国家以及变压器知名品牌制造商均以IEC 60296—2020和 ASTM D3487—2016标准为基础，在据各自的性能要求和产品特点制定相应的国家标准和OEM油品采购准入标准。

ASTM D3487—2016标准与IEC 60296—2020标准的主要技术指标相比，ASTM D3487—2016有苯胺点、析气性、脉冲击穿电压、旋转氧弹等检测项目及指标要求，而IEC 60296—2020标准则有二苄基二硫（DBDS）、潜在硫腐蚀、金属钝化剂含量、硫含量、PCA和热氧化应力的产气特性等检测项目及指标要求。从氧化安定性评定方法看，ASTM D3487—2016标准采用的试验温度为110℃、时间为164h或72h，IEC 60296—2020则采用的试验温度为120℃、试验时间为500h。因此综合来看，IEC在对产品的精制稳定特性、安全运行特性和环保性能方面提出了更多更严苛的技术要求。

## 6 电气绝缘油在运行、维护管理、选用等过程中的规格标准有哪些?

（1）运行质量方面

GB/T 7595—2017《运行中变压器油质量》，该标准适用于矿物绝缘油。

（2）维护管理方面

IEC 60422：2013《电气设备中的矿物绝缘油监督和维护指南》。

IEC 61203：1992《电工用合成有机酯设备中变压器酯类的维护》。

IEC 60944：1988《变压器硅液体的维护指南》。

GB/T 14542—2017《变压器油维护管理导则》，该标准适用于矿物绝缘油。

GB 50150—2016《电气装置安装工程　电气设备交接试验标准》中的互感器和套管用油质量检验指标。

DL/T 1552—2016《变压器油贮存管理导则》，适用于变压器、电抗器、互感器、油浸开关等设备用油的贮存和管理。

DL/T 984—2018《油浸式变压器绝缘老化判断导则》，适用于矿物油纸绝缘的油浸式变压器和电抗器。

DL/T 1419—2015《变压器油再生与使用导则》，规定了运行变压器油的分类、再生及使用标准，适用于电气设备中更换下来无法满足运行要求的矿物变压器油再生与使用。

（3）油品选用方面

DL/T 1094—2018《电力变压器用绝缘油选用导则》，适用于油浸式电力变压器（电抗器）类电力设备。

DL/T 1811—2018《电力变压器用天然酯绝缘油选用导则》，参照EC62770—2013和IEEE Std C57.147—2008《变压器用天然酯验收和维护导则》制定，标准中规定了电力变压器用未使用过的矿物绝缘油的选用原则，只适用于油浸式电力变压器（电抗器）类电力设备。

## 7 电气绝缘油主要品种及性能特点是什么?

电气绝缘油根据其基础油来源主要有矿物绝缘油、硅油绝缘油、合成芳烃绝缘液、合成酯绝缘液和天然酯绝缘油等品种。

（1）矿物绝缘油　主要有变压器油和低温开关油两大类，其中变压器油分通用类和特殊类两个品种。矿物绝缘油占95%以上的市场份额，以其优良的电气性能和热工性能应用于油浸式变压器中已有近百年的历史，因其产量大、品质好及技术经济指标优越，迄今仍是超高压、特高压电力变压器理想的变压器油。矿物油变压器油主要由环烷基油和石蜡基油加工获得，矿物油变压器油的理想组分为异构烷烃、环烷烃和少量的单环芳香烃。基础油加氢工艺技术突破了传统炼油工艺难以逾越的受原油种类限值的资源瓶颈，缩小了不同原油炼制的变压器油基础油的烃类组分差异，改善了变压器油的性能。

虽然矿物油变压器油仍为现今使用最多的变压器油，但在使用过程中仍存在许多问题。首先，矿物油变压器油的闪点较低（一般低于140℃），变压器电弧的高温作用会使其迅速分解气化、闪燃，造成燃烧事故；其次，矿物油变压器油不可再生，难生物降解，发生泄漏时易对环境造成污染。

（2）硅基绝缘油　硅油是有机硅液体，是有机硅聚合物的一种。可供变压器用的硅油是20世纪50年代才发明的，目前已有40多种硅油。很多国家将硅油用于电气设备上。硅油用作变压器绝缘油，除了具有优良的电绝缘性能外，还具有燃点高，凝点低，黏度随温度变化很小等优点。随着工程对环境日益提高，提倡环保的硅油在小容量、35kV以下的变压器中替代变压器油运用成为一种趋势。

与矿物油变压器油相比，硅油变压器油具有优良的电绝缘性能，介质损耗低，体积电阻率大，电气强度高和运行安全性好。但硅油变压器油对局部放电或击穿的分解物敏感，耐电火花的稳定性较低，而且因黏度较大，在重复电击下绝缘稳定性下降，因此，硅油变压器油主要适用于容量较小的变压器。

（3）合成芳烃绝缘液　由于矿物型变压器油的芳烃成分较低，析气性不良，在电气设备中的工作场强难以进一步提高，而且氧化后易生成沉淀物，影响其散热性，燃点低生物降解性差，不能满足高防火性及环保性要求。为了提高绝缘油的抗析气性及工作场强，以合成芳烃为基的绝缘液体被广泛用于电容器、电缆、变压器套管等电力设备中，主要为烷基苯、烷基二苯基乙烷、烷基萘、甲基多芳基甲烷等。芳烃合成油是合成油中性能较好、发展最活跃的领域。

①烷基苯是烯烃与苯在HF或$AlCl_3$的作用下合成的单环芳烃为主要组分的烃类化合物。与矿物油相比，它具有优良的介电性能、抗析气性能、电稳定性和热稳定性能，与设备中的绝缘材料有很好的相容性等优点。

②烷基二苯基乙烷是由二苯基乙烷的衍生物组成的绝缘液体，通常两个芳基带有短链烷基。烷基二苯基乙烷理化性能和电气性能优良，热稳定性高，析气性能大大优于烷基苯，因而在电场作用下局部放电性能优良。

③烷基萘是带有烷基取代基的萘组成的绝缘液体。烷基萘中主要使用的是二异丙基萘，二异丙基萘不是优良的全膜电容器的浸渍剂，但它是优良的膜纸复合介质电容器的浸渍剂，是日本电容器用油量最大的绝缘油。

④甲基多芳基甲烷主要是以单／双苄基的混合物为基的甲基多芳基甲烷衍生物组成的绝缘液体。它是用甲苯和氯化苄经过化学合成反应后，再经过净化、精馏、精制及混合等工序制成的电容器液体介质。由于它具有适合制作全膜电力电容器的优异性能和特点，因而在行业得到越来越广泛的应用。

（4）合成酯绝缘油　基础组分是由多羟基化合物与羧酸反应合成制得的多元醇酯等产物，其结构是由几个酸分子通过化学键结合中央一个多羟基化合物构成。分子链中羧酸通常是饱和的，这是合成酯性能稳定的原因。

合成酯绝缘油较突出特点是具有良好的生物降解性，能在较短的时间内被活性微生物（细菌）降解为二氧化碳和水，对环境无危害，特别适用于对环保要求较高的场合，如海上风电场。

合成酯绝缘油的极性较强，对水分子有较强的亲和力，但即使在水含量较高的情况下，合成酯变压器油仍能保持较高的击穿电压，耐湿性比矿物油变压器油和硅油变压器油更强；另外，氧化试验表明，合成酯变压器油的氧化诱导期（421min）比矿物油变压器油的氧化诱导期（300min）更长，氧化安定性更优，可以延长合成酯变压器油的更换周期。

合成酯变压器油综合性能全面，除具有较好的耐火安全性能外，电气绝缘性能、抗氧化性能、耐老化性能均较为出色，容易生物降解，环境友好，能适应严格的环保要求。与矿物油和硅油相比，合成酯具有许多的优势，对延长变压器的使用寿命、降低维护成本等方面也起到了重要的作用。我国2015年6月下线的自主研制时速350km的中国标准动车组也选择了合成酯作为变压器油。

（5）天然酯绝缘油　主要为植物类绝缘产品，由天然油料作物经压榨，精炼和改性制备而成，植物油的主要成分是甘油三酸酯，不同植物油中所含的脂肪酸类型及含量差异较大，单不饱和脂肪酸含量较高的植物油，可兼顾变压器油的抗氧化性和低温流动性。天然酯绝缘油具有燃点高（300℃以上）、耐湿性好、电气性能良好，与纤维素相容性好、抗过载能力强等特点。同时具有原料来源广阔，可再生和生物降解等优势，无论在陆上还是水中，泄漏无污染，更绿色环保。

虽然植物绝缘油与矿物绝缘油相比具有一定的优势，但植物绝缘油的应用仍存在一定问题，主要体现在：①价格较高，为矿物油变压器油的3～4倍；②介质损耗因数、含水量和运动黏度比矿物油变压器油高；③存在氧化与凝胶现象；④植物油变压器油运行维护经验较少，工艺尚不完备等，这些问题都制约了植物油变压器油的推广和使用。

美国于1996年完成第一台采用天然酯绝缘油225kVA美式箱变样机，瑞典ABB公司于1999年生产出第一个商品名为“BIOTEMP”的植物绝缘油变压器，2000年美国库柏公司开发了以大豆油为原料的油，并成功应用于配电变压器，日本富士电机2002年也开发出小型、轻便FR3及环保性能好的菜籽酯油配电变压器。我国已有企业以经过降酸降介损技术精制的植物大豆油料为基础油，添加适宜的抗氧剂、可生物降解倾点抑制剂，研制出符合 IEC 62770：2013 标准要求的CTR天然酯绝缘油。

## 8 低温开关油与变压器油有什么区别?

在我国，油开关也称作油断路器（以下均称为油断路器），是以密封的绝缘油作为开断故障的灭弧介质的一种开关设备，有多油断路器和少油断路器2种形式。低温开关油是在户外寒冷气候条件下用于油断路器的一种绝缘油，起绝缘和灭弧作用。

我国GB 2536—2011中表3对低温开关油提出了更为全面和完善的性能要求，原有断路器油标准 SH 0351—1992《断路器油》作废。

GB 2536—2011规格中低温开关油的最低冷态投运温度（LCSET）设定为-40℃。规定低温开关油的40℃运动黏度不大于3.5mm$^2$/s；同时对-40℃运动黏度和倾点的要求较苛刻，规定低温开关油的-40℃运动黏度不大于400mm$^2$/s，倾点不高于-60℃；

对油品的氧化安定性提出了指标要求；提出了健康、安全和环保特性的性能要求，包括闪点、多环芳烃含量、多氯联苯含量；增加了2–糠醛含量、腐蚀性硫等检测项目。

与变压器油相比，低温开关油具有以下几方面的特点：

①开关设备使用低温开关油时，在电弧作用下产生的游离碳少。在油断路器中使用变压器油时，由于少油断路器中充油量少，在故障电流下开断几次后，变压器油中会出现大量游离碳，在灭弧时即变为墨黑色，耐压值明显下降。一般发生短路开断2次，就需要停止设备对变压器油进行处理，因而需要频繁换油，增加了耗油量。

②低温开关油的黏度比变压器油小，油品的流动速度随之变快，提高了开关设备的散热性能；而且在操作油断路器时，触头阻力较少，从而加强了灭弧作用，减少了触头的烧损。变压器油黏度大，在低温下会降低断路器的合闸、分闸速度，进而影响油断路器的开断与关合性能。

③低温开关油的倾点比变压器油低，在严寒地区的开关设备中使用低温开关油，能够保证设备的正常运行。

④低温开关油闪点低，具有较好的气化率和蒸发率。变压器油的闪点较高，导致其气化率和蒸发率降低，从而不利于熄灭油断路器触头间产生的电弧。

目前，国内低温开关油专用产品较少，用户普遍以变压器油替代，但变压器油的绝缘性能及低温性能均无法满足开关设备在低温下的使用要求，对处于严寒地区的开关设备，会带来一系列问题。

## 9 矿物绝缘油结构组成对其性能的影响

电气绝缘油的性能在很大程度上与基础油的特性相关，而基础油的特性又与原油密切相关。从概念上讲，变压器油可以从石蜡基原油、中间基原油或环烷基原油生产。一般认为，石蜡基原油生产的基础油倾点高、对极性物质溶解性能差，对变压器油的电气性能、工作寿命有不利影响。因此，历史上多选用倾点低、溶解性能较好的环烷基原油生产变压器油。

评定电气绝缘油基础油除常规的理化性质外，最重要的是碳型结构（也称为结构族组成）。所谓碳型结构，就是将组成复杂的基础油看作由芳香环、环烷环和烷基侧链这三种结构组成的单一分子，其中$C_A$值是指芳香环上的碳原子占整个分子总碳数的百分数，$C_N$值是指环烷环上的碳原子占整个分子总碳数的百分数，$C_P$值是指烷基侧链上的碳原子占整个分子总碳数的百分数。通常按碳型结构分布对变压器油进行分类：若基础油$C_P$=42%~50%，称为环烷基油；$C_P$=50%~56%，称为中间基油；$C_P$%=56%~65%，称为石蜡基油。

电气绝缘油基础油的碳型结构与其原油基属和精制深度有直接关系，不同碳型结构对变压器油性能有深远的影响（表7.3）。

表7.3 不同碳型结构对变压器油性能影响

| | $C_A$ 值大 | $C_N$ 值大 | $C_P$ 值大 |
|---|---|---|---|
| 精制深度 | 芳烃含量高，精制深度低 | 环烷烃含量高，精制深度高，为环烷基 | 石蜡烃含量高，精制深度高，为石蜡基 |
| 电气性能 | 差 | 好 | 好 |
| 抗析气性能 | 好 | 一般 | 差 |
| 溶解性能 | 很好 | 好 | 差 |
| 抗氧化性能 | 差 | 好 | 好 |

环烷基变压器油由于富含环烷烃和适宜的芳烃，溶解能力强，在变压器长周期运行过程中，可以避免出现“氧化–油泥–悬浮油中–影响绝缘–沉积在线圈–破坏固体绝缘材料、影响散热–变压器运行温度提高–氧化加剧”恶性循环。而石蜡基油由于富含石蜡烃、对油泥的溶解性能差，即使比环烷基油含有更多的芳烃、也不能保证较好的溶解性能，而高芳烃含量又会影响变压器油的电气性能和抗氧化性能，不能保证变压器的长周期安全运行。

抗氧化性能是变压器油质量分级的主要指标，变压器油质量的优劣主要取决于变压器油抗氧化性能和溶解性能的平衡。环烷基变压器油由于富含环烷烃，在保证溶解性能的基础上，基础油精制深度可以控制得较深，即芳烃含量在较低的水平、对抗氧剂的感受性好，因而具有较好的抗氧化性能，同时也能保证具有极好的电气性能；而石蜡基变压器油石蜡烃含量高，为改善溶解性能、必须含有更多的芳香烃，从而影响其抗氧化性能和电气性能。

另外，比热容是用来表征单位质量物质改变单位温度时所吸收或释放的能量，反映了物质在没有相变的情况下吸热或放热的能力。通常情况下比热容越小，物质散热越快。绝缘油的碳型组成$C_p$值越高，比热容越大。

国内外变压器油生产商一般根据变压器油长周期（一般为20年或更长）运行跟踪形成的经验，平衡变压器油的电气性能、溶解性能和抗氧化性能来选择基础油的类型和精制深度使其碳型结构分布在特定的范围内。

## 10 最低冷态投运温度（LCSET）含义是什么？

最低冷态投运温度是指变压器油的运动黏度不大于1800mm²/s时（对应-40℃时，运动黏度不大于2500mm²/s）所对应的温度。

最低冷态投运温度是区分绝缘油类型的重要标志之一，应根据电气设备使用的环境温度不同，选择不同最低冷态投运温度的油品。以免影响油泵、有载分接开关（如果有）的启动。

最低冷态投运温度为-10℃这一品种（倾点-20℃）与我国多用的25号变压器油相对应。

变压器油的标准最低冷态投运温度为-30℃，其他最低冷态投运温度可依据每个地区气候条件的不同，由供需双方协商确定。

## 11 介质损耗因数含义是什么？

介质损耗因数是由绝缘液体引起的介质损耗。高介质损耗因数表明绝缘液体受到水分子、颗粒或可溶性极性污染物污染或绝缘液体精炼质量差。

变压器油受到交流电压作用时，会引起部分电流的损失并转变为热能、造成油温升高，这部分电能的损失是由于通过介质所引起的，故称为介质损耗因数。

介质损耗因数反映油中泄漏电流而引起的功率损失，其大小对判断变压器油的劣化与污染程度很敏感。一般来讲，新油的极性杂质含量少，介质损耗因数也很小；当油品氧化或过热而引起劣化，或混入其他极性杂质后，介质损耗因数会随之增加。芳烃含量高的变压器油，由于对变压器中的橡胶、油漆及其他材料具有较强的溶解作用而形成某些胶体杂质从而影响介质损耗因数。

介质的导电率随温度的升高而增大，相应地泄漏电流和介质损耗因数也会增大。水分的存在也会对介质损耗因数值产生影响，为了排除油中水分的影响，一般测定高温下的介质损耗因数，如各国普遍采用测变压器油90℃的介质损耗因数，而ASTM D3487中则要求测定100℃的介质损耗因数，更能直接地反映出油的污染程度。

## 12 变压器油中颗粒度限值是如何规定的？

电力行业对变压器油中的颗粒度要求进行了专门规范，并制定了行业标准DL/T 1096—2018《变压器油中颗粒度限值》，该标准规定了变压器油中颗粒度应达到的技术要求及检验周期，适用于换流±400kV、交流500kV及以上电压等级变压器（含电抗器)。其中，颗粒度为每100mL变压器油中粒径大于5μm颗粒的个数，颗粒度按DL/T 432—2018《电力用油中颗粒度测定方法》测量，换流变压器组和交流变压器油中颗粒度限制要求见表7.4。



表7.4 换流变压器组和交流变压器油中颗粒度限制要求

| 类别 | 电压等级 | 颗粒度限制 | | |
|---|---|---|---|---|
| | | 注油前 | 热油循环后 | 运行中 |
| 换流变压器组 | ±400kV | ≤2000 | ≤3000 | — |
| | ±500kV | ≤1000 | ≤3000 | ≤3000 (1) |
| | ±800kV | ≤1000 | ≤1000 | ≤3000 |
| 交流变压器 | 500kV | ≤2000 (1) | ≤3000 (1) | — |
| | 750kV | ≤1000 | ≤2000 | ≤3000 |
| | 1000kV | ≤1000 | ≤1000 | ≤3000 |

注:(1)此处为推荐值。

变压器油中颗粒度检测周期:

①±400kV换流变压器组和500kV交流变压器，在注油前、热循环后(含大修)宜进行检测，在运行中必要时(如油介质损耗因数异常、怀疑油泵磨损缺陷等)应进行检测。

②±500kV及以上换流变压器组和750kV及以上交流变压器，在注油前、热循环后(含大修)、投运1年内、运行3年以及必要时(如油介质损耗因数异常、怀疑油泵磨损缺陷等)应进行检测。当颗粒度有明显的增长趋势时，应缩短周期，加强监测。

## 13 运行中变压器油质量是如何规定的?

电力行业为强化充入电气设备的矿物变压器油和断路器油在运行中的质量监督管理，专门制定了GB/T 7595—2017《运行中变压器油质量》，并规定:

①变压器油的选用应按照DL/T 1094《电力变压器用绝缘油选用导则》进行;

②新变压器油、低温开关油的验收按GB 2356《电工流体 变压器和开关用的未使用过的矿物绝缘油》的规定进行，新油组成不明的按照DL/T 929《矿物绝缘油、润滑油结构族组成的红外光谱测定法》确定组成;

③运行中矿物变压器油和断路器油质量按本标准中性能要求执行;

④运行中矿物变压器油和断路器油的维护管理按照GB/T 14542的规定执行。

⑤500kV及以上电压等级变压器油中颗粒度应达到的技术要求、检验周期按照

DL/T 1096《变压器油中颗粒度限值》执行。

GB/T 7595—2017运行中变压器油和断路器油质量指标详见表7.5和表7.6。

**表7.5　运行中矿物变压器油质量标准**

| 序号 | 检测项目 | 设备电压等级/kV | 质量指标 | | 检验方法 |
|---|---|---|---|---|---|
| | | | 设入运行前的油 | 运行油 | |
| 1 | 外观 | | 透明、无沉淀物和悬浮物 | 透明、无沉淀物和悬浮物 | 目视 |
| 2 | 色度/号 | | ≤2.0 | ≤2.0 | GB/T 6540 |
| 3 | 水溶性酸（pH值） | | ＞5.4 | ≥4.2 | GB/T 7598 |
| 4 | 酸值（以KOH计）/（mg/g） | | ≤0.03 | ≤0.10 | GB/T 264 |
| 5 | 闪点（闭口）[b]/℃ | | ≥135 | ≥135 | GB/T 261 |
| 6 | 水分[e]/（mg/L） | 330~1 000 | ≤10 | ≤15 | GB/T 7600 |
| 6 | 水分[e]/（mg/L） | 220 | ≤15 | ≤25 | GB/T 7600 |
| 6 | 水分[e]/（mg/L） | ≤110及以下 | ≤20 | ≤35 | GB/T 7600 |
| 7 | 界面张力（25℃）/（mN/m） | | ≥35 | ≥25 | GB/T 6541 |
| 8 | 介质损耗因数（90℃） | 500~1 00 | ≤0.005 | ≤0.020 | GB/T 6564 |
| 8 | 介质损耗因数（90℃） | ≤330 | ≤0.010 | ≤0.040 | GB/T 6564 |
| 9 | 击穿电压/kV | 750~1 000 | ≥70 | ≥65 | GB/T 507 |
| 9 | 击穿电压/kV | 500 | ≥65 | ≥55 | GB/T 507 |
| 9 | 击穿电压/kV | 330 | ≥55 | ≥50 | GB/T 507 |
| 9 | 击穿电压/kV | 66~220 | ≥45 | ≥40 | GB/T 507 |
| 9 | 击穿电压/kV | 35及以下 | ≥40 | ≥35 | GB/T 507 |
| 10 | 体积电阻率[d]（90℃）/（Ω·m） | 500~1 000 | ≥$6\times10^{10}$ | ≥$1\times10^{10}$ | DL/T 421 |
| 10 | 体积电阻率[d]（90℃）/（Ω·m） | ≤330 | ≥$6\times10^{10}$ | ≥$5\times10^{9}$ | DL/T 421 |
| 11 | 油中含气量[e]（体积分数）/% | 750~1 000 | ≤1 | ≤2 | DL/T 703 |
| 11 | 油中含气量[e]（体积分数）/% | 330~500 | ≤1 | ≤3 | DL/T 703 |
| 11 | 油中含气量[e]（体积分数）/% | 电抗器 | ≤1 | ≤5 | DL/T 703 |
| 12 | 油泥与沉淀物[f]（质量分数）/% | | — | ≤0.02（可忽略不计） | GB/T 8926—2012 |
| 13 | 析气性 | ≥500 | 报告 | 报告 | NB/SH/T 0810 |
| 14 | 带电倾向[k]/（pC/mL） | | — | 报告 | DL/T 385 |
| 15 | 腐蚀性硫[b] | | 非腐蚀性 | 非腐蚀性 | DL/T 285 |
| 16 | 颗粒污染度/粒 | 1 000 | ≤1 000 | ≤3 000 | DL/T 432 |
| 16 | 颗粒污染度/粒 | 750 | ≤2 000 | ≤3 000 | DL/T 432 |
| 16 | 颗粒污染度/粒 | 500 | ≤3 000 | — | DL/T 432 |

续表

| 序号 | 检测项目 | 设备电压等级/kV | 质量指标 | | 检验方法 |
|---|---|---|---|---|---|
| | | | 设入运行前的油 | 运行油 | |
| 17 | 抗氧化添加剂含量（质量分数）/%含抗氧化添加剂油 | | — | 大于新油原始值的60% | SH/T 0802 |
| 18 | 糠醛含量（质量分数）/（mg/kg） | | 报告 | — | NB/SH/T 0812<br>DL/T 1355 |
| 19 | 二苄基二硫醚（DBDS）含量（质量分数）/（mg/kg） | | 检测不出 | — | IEC 62697-1 |

表7.6 运行中断路器用油质量标准

| 序号 | 项目 | 质量指标 | 检验方法 |
|---|---|---|---|
| 1 | 外观 | 透明、无游离水分、无杂质或悬浮物 | 目视 |
| 2 | 水溶性酸（pH值） | ≥4.2 | GB/T 7598 |
| 3 | 击穿电压/kV | 110 kV以上，投运前或大修后≥45<br>运行中≥40<br>110 kV及以下，投运前或大修后≥40<br>运行中≥35 | GB/T 507 |

## 14 电力变压器用绝缘油选用原则有哪些?

我国电力行业标准DL/T 1094—2018规格中对电力变压器用绝缘油选用原则进行了详细阐述，主要针对未使用过的矿物绝缘油，适用于油浸式电力变压器（电抗器）类电气设备。变压器油选用原则：

（1）通用原则

变压器油生产商所供油品应经过运行验证，第三方证明具有良好的电气性能、氧化安定性和质量稳定性等；

供油方应提供符合各项指标要求的检验报告，同时说明所加添加剂的种类和含量；

选择变压器油最低冷态投运温度（LCSET）应低于最低月环境平均温度；

当变压器油的油源、生产工艺和添加剂配方改变时，变压器油生产商应及时通知变压器油使用方。

（2）油品质量性能选用原则

220kV及以下变压器应选用符合GB 2536—2011规格中（通用）性能要求的变压器油；

500kV（330kV）、750kV交流变压器应优先采用环烷基绝缘油，也可采用经检测、运行证明性能优良的非环烷基绝缘油，产品性能应符合GB 2536—2011规格中（特殊）性能要求；

特高压交流变压器和换流变压器应采用环烷基绝缘油，产品性能应符合GB 2536—2011规格中特殊性能要求，同时应满足IEC 20296:2012高温氧化安定性和低硫含量要求。

（3）油中添加剂选用原则

抗氧化剂可选用2，6-二叔丁基对甲酚（T501），含量应为0.2%~0.4%；

油中除抗氧化剂外，不推荐添加其他任何添加剂，除非有公认的并经过大量试验和运行验证的添加剂。

## 15 矿物变压器油品种的选用

①对输入电压110kV、35kV的自备发电设备的变压器或110kV以下的系列变压器，通常选用最低冷态投运温度LCSET-10℃环烷基或其他加氢类变压器油；

②对输出电压750kV、容量700000kVA的ODFPS 750kV单相自耦变压器或BKD 750kV并联电抗器，通常选用最低冷态投运温度LCSET-10℃或最低冷态投运温度LCSET-30℃环烷基类变压器油；

③对输出电压1000kV、容量1000000kVA的ODFPS 1000kV单相自耦三线圈无载调压变压器，通常选用最低冷态投运温度LCSET-40℃环烷基类变压器油；

④对输入电压±220kV~±800kV的特高压换流变压器，通常选用最低冷态投运温度LCSET-40℃优质环烷基类变器油。

## 16 矿物变压器油的维护管理主要有哪些规定?

电力变压器、电抗器、互感器、充油套管等充油电气设备中使用的矿物绝缘油的维护管理需按GB/T 14542—2017《变压器油维护管理导则》执行。

GB/T 14542—2017《变压器油维护管理导则》中对新变压器油的验收、运行中变压器油的检验、油的相容性（混油）、运行中变压器油的维护、变压器油处理、变压器油泥的冲洗、油的贮存和输送、设备的技术档案与技术资料、安全与卫生等相关内容进行了详细规范。

①新油验收时应对接受的全部油品进行监督，以防止出现差错或带入污物。新油应按 GB 2536标准验收，也可按照相关国际标准或合同规定验收。

②运行中变压器油、断路器油的质量应按 GB/T 7595的规定检验。

③运行中变压器油超限值时需进行原因分析和及时采取应对措施。

④油品需要混合使用时，参与混合的油品应符合各自的质量标准（新油应满足新油质量标准，运行油应满足运行油质量标准），且混合油的质量应不低于运行油，在进行混油试验时，油样的混合比应与实际使用的比例相同，如果混油比无法确定时，则采用1：1质量比例混合进行试验。

⑤电气设备充油不足需要补油时，应补加同一油基、同一牌号及同一添加剂类型的油品。应选用符合GB 2536标准的未使用过的变压器油，或符合GB/T 7595运行油质量标准的已使用过的变压器油，且补加油品的各项特性指标都应不低于设备内的油。补油量较多时（大于5%），在补油前应先做混合油的油泥析出试验，确认无油泥析出、酸值及介质损耗因数低于设备内的油时，方可进行补油。

⑥电气设备更换新品牌油时，首先，要确定更换的新品牌油的倾点能否满足极限温度冷启动的要求；再者，新品牌的油质量必须高于原使用品牌的油且通过混油试验。电气设备在更换新油时，必须将原运行油放净；其次，采用新品牌的热油充分冲洗电气设备。

# 第8章 有机热载体基础知识

## 1 有机热载体组成是什么？

有机热载体是作为传热介质使用的有机物质的统称。有机热载体称为热传导液、导热油、有机传热介质、热媒等用于间接传热目的的所有有机介质。根据化学组成可分为合成型有机热载体和矿物型有机热载体；根据沸程可分为气相有机热载体和液相有机热载体。

具有沸点或共沸点的合成型有机热载体可以在气相条件下使用，称为气相有机热载体。气相有机热载体可以通过加压的方式在液相使用，因此又称为气相/液相有机热载体。具有一定馏程范围的合成型有机热载体和矿物油型有机热载体只能在液相条件下使用，称为液相有机热载体。

矿物油型有机热载体是以石油为原料，经精制（包括溶剂精制和加氢精制）工艺得到的适当馏分的产品，包括石蜡基异构烷烃、环烷基、中质芳香烃碳氢化合物及混合物；为改善和提高热稳定性和抗氧化安定性等性能，还需在基础油中加入高温抗氧剂、复合阻焦剂、降凝剂等添加剂。合成型有机热载体是指通过化学合成的，具有确定结构的产品，包括烷基苯、烷基联苯、苄基和二苄基甲苯、联苯和联苯醚共沸化合物、三联苯和部分氢化三联苯、烷基联苯醚、脂肪烃、聚α-烯烃、硅油、氟碳氢化合物等。

## 2 有机热载体的性能及使用特点是什么？

有机热载体传热效果好，传热效率高，适用温度高且范围宽；热稳定性好，抗氧化性好，挥发性小，使用寿命长；黏度、凝点低，沸点、闪点、自燃点高，低温流动性好；安全环保，使用时不发生爆炸，正常操作下不会发生火灾，毒性小，无刺激性异味，不污染环境；导热系数、比热容、蒸发潜热高，且在较宽的温度范围内保持液态；具有较低的残炭、灰分、水分和酸值，对设备腐蚀性小；经济实用，价格较低，原料充足，使用方便。

有机热载体在几乎常压的条件下，可以获得很高的操作温度，可以降低高温加热系统的操作压力和安全要求，提高了系统和设备的可靠性；可以在更宽的温度范围内满足不同温度加热、冷却的工艺需求，或在同一个系统中用同一种有机热载体同时实现高温加热和低温冷却的工艺要求；省略了水处理系统和设备，提高了系统热效率，减少了设备和管线的维护工作量，减少加热系统的初投资和操作费用。

总之，使用有机热载体传递热量具有设计简单、操作方便、使用温度范围宽、操作压力低、传热均匀、维修成本低、投资少、使用安全可靠、符合环保要求等特点，已广泛用于现代化学、纺织印染、造纸、建材、制药、塑料、冶金、粮食加工、能源、航空航天等行业。

### 3 有机热载体是如何分类的?

我国有机热载体分类标准GB/T 7631.12—2014《润滑剂、工业用油和相关产品（L类）的分类 第12部分：Q组（有机热载体）》是参照ISO 6743.12:1989同类标准制定的。产品特殊应用适用温度范围及具体应用使用条件分L-QA、L-QB、L-QC、L-QD、L-QE五个产品类型，详见表8.1。

表8.1 有机热载体分类（GB/T 7631.12—2014）

| 组别符号 | 应用范围 | 特殊应用使用温度范围 | 更具体应用使用条件 | 产品性能和类型 | 符号L- | 应用实例 | 备注 |
|---|---|---|---|---|---|---|---|
| Q | 传热 | 最高允许使用温度≤250℃ | 敞开式系统 | 具有氧化安定性的精制矿油或合成液 | QA | 用于加热机械零件或电子元件的敞开式油槽 | 对特殊应用场合，包括系统操作环境和液体本身，应考虑着火的危险性。（1）带有有机热载体加热系统的装置，应配备有效的膨胀油槽，排气孔和过滤系统。（2）加热食品的热交换装置中，使用有机热载体应符合国家卫生和安全要求 |
| | | 最高允许使用温度≤300℃ | 带有或不带有强制循环的开式和闭式系统 | 具有热稳定性的精制矿油或合成液 | QB | 有机热载体加热系统；闭式循环油浴 | |
| | | 最高允许使用温度>300℃并≤320℃ | 带有强制循环的闭式系统 | 具有热稳定性的精制矿油或合成液 | QC | 有机热载体加热系统 | |
| | | 最高允许使用温度>320℃ | 带有强制循环的闭式系统 | 具有特殊高热稳定性的合成液 | QD | 有机热载体加热系统 | |
| | | 最高允许使用温度及最低使用温度[(1)]>-60℃并≤320℃ | 带有强制循环的闭式冷却系统或冷却/加热系统 | 具有在低温时低黏度和热稳定性的精制矿油和合成液 | QE | 有机热载体冷却系统或冷却/加热系统 | |

注：（1）在最低使用温度下产品的运动黏度应不大于12mm²/s。

### 4 有机热载体的开/闭式传热系统、最高允许使用温度/最高工作温度、最高允许液膜温度是如何定义的?

（1）开式传热系统 膨胀槽与大气相通的有机热载体传热系统。

（2）闭式传热系统 膨胀槽与大气隔离的有机热载体传热系统，闭式系统通常采用惰性气体（一般为氮气）或冷油液封装置与大气隔离。

（3）最高允许使用温度 采用GB/T 23800热稳定性试验法测定，被测有机热载体的变质率不超过10%（质量分数）条件下的最高试验温度。

（4）最高工作温度　在传热系统运行条件下，锅炉出口处测得的有机热载体平均主流体温为工作温度；锅炉出口处允许的有机热载体最高主流体温度为最高工作温度。

（5）最高允许液膜温度　液膜温度是指锅炉受热面上的有机热载体温度，即与炉管壁接触的有机热载体边界层内的温度；最高允许液膜温度是边界层内有机热载体的最高允许温度，该温度是传热系统内任何一处的有机热载体都不应超过的温度。

## 5 有机热载体的标准有哪些?

国际上有机热载体标准主要有德国DIN 51522：1998《热传导液性能和试验要求》。

我国GB 23971—2009《有机热载体》，是修改采用DIN 51522：1998制定的，包括L-QB（矿物或普通合成液）、L-QC（矿物或普通合成液）、L-QD（具有特殊高热稳定性合成液）三类有机热载体品种，主要适用于各种类型的间接式传热系统。规定该类产品不得直接用于加热或冷却具有氧化作用的化学品。

GB 23971—2009《有机热载体》还依据GB/T 7631.12-2014划分的产品品种，按照使用状态、适用的传热系统类型和最高允许使用温度确定产品代号，进行了详细分类，将L-QB分为L-QB280、L-QB300两个品种，适用于闭式或开式传热系统；将L- QC分为L-QC310、L-QC320两个品种，适用于闭式传热系统；将L-QD分为L-QD330、L-QD340、L-QD350、L-QDXXX四个品种，适用于闭式传热系统。品种代码后的三位数字为某一产品的最高允许使用温度。

GB 23971—2009《有机热载体》标准结合中国实际，对有机热载体的热稳定性、自燃点、残炭、运动黏度等多项指标确定了指标值，并且增加了模拟开式系统膨胀罐实际运行状况的热氧化安定性指标，较参考的DIN 51522：1998标准有更好的规范性。

## 6 有机热载体应具备哪些主要性能?

（1）使用性能　有机热载体使用性能包括热稳定性、流动性和传热性（运动黏度、密度、导热系数、比热容和表面传热系数）。

①有机热载体使用性能包括热稳定性、运动黏度、密度、导热系数、比热容和表面传热系数。热稳定性是导热油区别于其他油品的重要使用性能，反应热载体发生劣化倾向。导热系数表示物质的导热能力，导热系数和物质的组成、密度、压力和温度等相关。

②有机热载体表征流动性指标有倾点、运动黏度。运动黏度反映液体的运动阻力，决定了在一定温度下液体的流动性和泵送性。有机热载体对运动黏度的要求，是在满足热稳定性、初馏点、闪点等重要指标的同时，具有较低的黏度，很好的高温和低温流动性。倾点和低温黏度决定了有机热载体的低温流动性。

（2）安全性和蒸发性　有机热载体安全性和蒸发性指标有初馏点、闪点和自燃点、水分。

①对于在开式系统中使用的有机热载体来说，初馏点是一项重要指标。初馏点低的产品在开式系统中使用，挥发损耗相当大，使用户承担了不必要的经济损失，而且降低了传热系统的整体安全性和导热油的经济性。规定在开式设备中使用的热传导液的初馏点不低于其最高使用温度。

②闪点和自燃点是反映有机热载体安全性能重要指标。闪点过低，对油品安全运行带来隐患。因此需要对闪点进行控制。

（3）毒性　氯含量与产品毒性相关。在国外，曾使用热稳定性非常好的氯代烃类化合物作为热载体或变压器油，但这些氯化物有很强的致畸性，对环境和人体健康带来危害。在过去标准中未制订相关标准，但在新标准中明确规定氯含量≤20ppm。

（4）基础油和添加剂的规范性能　有机热载体基础油和添加剂的规范指标有外观、馏程、残炭、灰分、硫含量、铜片腐蚀、中和值、氧化安定性等。馏程是反映产品的沸点范围的指标，蒸馏切割越窄，重组分越少，热稳定性也越好。中和值、硫含量和铜片腐蚀反映产品的精制深度，与设备腐蚀情况相关。残炭和灰分同样是反映原料精制深度的指标。残炭和灰分较高的产品，稠环芳烃等重质成分含量较高，产品颜色较深，热稳定性较差。铜片腐蚀、氧化安定性可以通过添加剂改善。

## 7 有机热载体的主要品种有哪些，性能特点是什么？

（1）L-QB、L-QC矿物型热传导油

矿物油型热传导油是以深度精制矿物油为基础油，加入高、低温抗氧剂、金属钝化剂、阻焦剂等调配而成。矿物型热传导油按组成有长碳链饱和烃、芳香烃、链烷烃与环烷烃的混合烃等类型，多为具有低蒸气压、较高初馏点和闪点的产品。矿物油型热传导油主要优点是具有较高的安全性、原料来源易得、产物毒性小、价格便宜，故很受用户欢迎。但其最大的缺点是热稳定性较差，工作温度低，在隔绝空气的条件下，最高使用温度一般不超过320℃，使用寿命为1~3年。

L-QB/QC矿物型热传导油的制造成本低，工艺简单，对膨胀槽无须加压，低温黏度小，能耗小，传热效率高，一般用在对热稳定性以及工艺温度精确度没有很高要求的加热系统中。

（2）L-QD合成型热传导液

①联苯一联苯醚　联（二）苯系的合成型热传导液，其成分为联二苯（占26.5%）和二苯醚（占73.5%）的共溶共沸混合物。其特点是热稳定性好、黏度小、积炭倾向小，最高使用温度为399℃；缺点是熔点高，低温黏度大，渗透性强，易从管道接口缝渗出，毒性大，气味难闻，生产成本高等。目前仍然作为高温导热油使用，美国Dow化学公司、孟山都公司Therminol（VP-1），法国Gilotherm DO，苏州首诺化工有限公司道生均生产此类油品。

②氢化三联苯　氢化三联苯系合成型热传导液又称改性三联苯。氢化三联苯使用温度高，但生产成本高，毒性较大。日本日钢化学公司Therm S 900是以邻、间、对位三联苯为原料，在镍催化下，加氢处理而成。通常，原料中对位三联苯不能超过30%，否则产品中会出现白色沉淀。它的凝点-27.8℃，沸点343℃，适用于常压下的液相加热系统，最高使用温度为340℃。美国孟山都公司Thermino l66氢化三联苯，由邻、间、对三联苯的混合物部分加氢（饱和度40%）获得，使用温度达到345℃。我国洛阳炼制所与吴县中联化工厂共同研制的氢化三联苯均属此类。

③烷基苯（苄基甲苯）　苄基甲苯系列合成型热传导液包括单苄基甲苯（MBT）和二苄基甲苯（DBT）两种，二者都是良好的热传导液。单苄基甲苯使用温度-80～350℃，由于单苄基甲苯的沸点是280℃，因此高于300℃使用时作为气相导热油使用。二苄基甲苯的沸点高达390℃，在不加压情况下可以在350℃使用，倾点为-35℃。法国Gilotherm PW、德国赫斯公司marlotherms S、日本综研公司的Neosk-OIL 1400均属此类产品。

④烷基萘　烷基萘是一种性能优异的高温热传导液，主要成分为二甲基萘，其特点是毒性低、不腐蚀、导热性好；黏度低，易于输送，凝点低，适用于寒区使用；热稳定性好，最高使用温度为340℃；使用寿命长，实际使用一般在4年以上；闪点较高，生产安全，是有机热载体家族中的重要一员。日本综研化学公司KSK-OIL 260、日本日钢化工公司的Therm S 200、美国Syntrel 350和燕山石化公司研究院YD系列均属此类产品。

L-QD合成型热传导液是经历过复杂的加工工艺后由化学单体直接合成出来的，是专门用于传热的有机化合物，组分单一，由于芳香烃的分子结构和原子间键的强度具有高热稳定性，所以合成油种类一般是合成芳香烃。

L-QD高温合成型传导液的优点是初馏点高且馏程窄，高温裂化少、挥发比较少、高温热稳定性好；同时密度值适当、黏度较低、能耗小、流动性能好，传热性能好，导热率高；虽然生产成本高，价格高，但技术含量高，可再循环使用，使用寿命长达5～10年或10年以上。

## 8 有机热载体热稳定性是如何评定的？

热稳定性是指有机热载体在高温下抵抗化学分解的能力。通常，随着温度的升高，有机热载体将发生化学反应或分子重排，所生成的气相分解产物、低沸物、高沸物和不能蒸发的产物将影响有机热载体的使用性能。

热稳定性是有机热载体区分其他油品的重要性能指标，同时油品最高允许使用温度也是通过热稳定性评定试验确定的。

有机热载体热稳定性按GB/T 23800评定方法评定，L-QB/QC产品的热稳定性是在规定温度下加热720h，外观透明无悬浮物和沉淀，总变质率不大于10%；L-QD产品的热稳定性是在规定温度下加热1000h，外观透明无悬浮物和沉淀，总变质率不大于10%。

有机热载体在实际运行中，热分解和热聚合反应会伴随始终，按GB/T 23800确定的最高允许使用温度是有机热载体的重要参数，对合理选油有重要指导作用。按照德国DIN 4754《热载体安全运行规程》，有机热载体在其最高使用温度下应至少使用一年，为保证有机热载体具有较长的使用寿命，保持装置平稳运行，减少操作成本，实现最佳经济效益，实际使用中，通常规定最高工作温度比最高允许使用温度至少应低10℃，L-QB/QC的最高允许液膜温度比最高允许使用温度低20℃，L-QD的实际最高允许液膜温度比最高允许使用温度低30℃。

## 9 有机热载体的安全技术条件是什么？

GB 24747—2009《有机热载体安全技术条件》非等效参照DIN 51529《在用有机热载体的试验与评价》而制定，该标准的作用是承接未使用有机热载体产品标准（GB 23971—2009），对有机热载体从进入系统到置换废弃的全过程进行监控。

GB 24747—2009《有机热载体安全技术条件》的主要技术内容包括：对于将要注入传热系统的新油的一般要求（包括型式检验和验证检验要求）、在用油的质量指标和试验方法、判定与处置的原则与要求、在用油的检验周期和取样要求、混用、回收处理、系统清洗和更换与废弃要求等。

GB 24747—2009《有机热载体安全技术条件》标准适用于以各种有机热载体锅炉为加热设备，并以间接加热为目的的有机热载体，不适用于仅以冷冻和低温冷却为目的的有机热载体。

## 10 有机热载体的选用原则有哪些？

（1）按使用条件为气相或液相选择

首先要明确是使用于气相系统还是液相系统，并确定其蒸气压和温度的关系。气相系统时选择在使用温度下，其蒸气压在1.0～3.0kgf/cm$^2$范围内的热传导液；液相系统时应选择沸点在使用温度以上的热传导液，沸点高运行蒸气压低为好，使用于加压系统中时，也可选用沸点较低的产品。

（2）按热传导液的特性选择

选择热传导液时，其固有特性是选择的重要因素，表8.2列出的项目是在选择时应考虑的特性和基准。

表8.2　热传导液的理化性质及选择基准

| 理化性质 | 选择基准 |
|---|---|
| 导热系数 | 一般在温度300℃时为0.08～0.10kcal/（m·h·℃），范围内应选择其值大的 |
| 持热量（密度×热容量）（蒸气密度×蒸发潜热） | 一般来说，液相系统300℃时，此值为400～450kcal/（m·℃），气相系统常压沸点时，此值为255～260kcal/（m·℃），范围内应选择其值大的 |
| 黏度 | 低温区黏度低的热传导液对选择循环泵的类型有利 |
| 闪点 | 闪点高者，着火的可能性小，根据消防法所定的危险度也相应小 |
| 自燃点 | 自燃点高则不易自燃起火，对热传导液使用设备的防爆系统的规格选择较为有利 |
| 爆炸界限 | 范围窄，发生爆炸的危险性小 |
| 倾点 | 倾点低，使用方便，反之需配置蒸气加热管线 |
| 热稳定性 | 最高使用温度为可连续使用一年的极限温度。最高使用温度和传热壁面温度为两个衡量指标，应选择在使用温度下寿命长的热传导液 |
| 抗氧化性 | 热传导液和空气接触后会发生氧化劣化，缩短其使用寿命，如用于油浴槽开放使用的场合，应考虑其抗氧性 |
| 对金属的腐蚀性 | 含有氯成分的热传导液，其分解时有一定的腐蚀性 |
| 低毒性 | 原则上选择对生物毒性低的热传导液，以$LD_{50}$为毒性评价指标 |
| 生物分解性 | 生物分解性高的热传导液对保护自然环境有利，带有直链烃类化合物分解性较好 |
| 异味 | 联苯、二苯醚型热传导液，有特殊异味 |

（3）按使用温度限值选择

所谓热传导液的使用温度限值是指与热传导系统高效、安全运转有直接关系的温度上限和下限。最高使用温度指在加热出口处测得的主流体最高允许温度。如实际测得的温度高于此温度，则主流体将发生大量裂解。产品的最高允许使用温度需经热稳定性试验确定，实际使用温度应比其最高允许使用温度低20～30℃。从我国实际考虑，建议L-QC热传导液（最高使用温度320℃）实际使用温度最好低于280℃，绝不要超过300℃，300℃以上使用应选择L-QD热传导液。

最高油膜温度指流经加热器的热传导液与加热器内管壁相接触的边界层的最高允许温度，最高油膜温度是根据产品特性计算而得。如实际油膜温度高于此温度，则边界层中的导热油将发生大量裂解。

在加热操作中为保证主流体所需温度，油膜温度一般较主流体温度高10～20℃以上，热传导液的传热性能越好则所需油膜温度越低。优良的热传导液应具有较高的最高使用温度，同时达到最高使用温度的油膜温度应较低。

初馏点是重要的使用温度限值，在液相系统中如油膜温度低于热传导液的初馏点，则可在常压下保持液相运行，膨胀槽可不采用氮气封闭，操作在常压下进行。

热传导液初馏点应高于最高使用温度，德国标准规定，常压下初馏点至少应等于最高油膜温度。由于油膜温度的计算现无统一方法，经验认为产品初馏点比其最高使用温度应至少高20℃为好。

倾点或凝点。倾点或凝点是重要的温度下限值，在选择产品时需根据工艺要求及工况条件选择倾点或凝点低于使用环境温度的产品。

（4）综合考虑产品的其他性能

在具有适宜的使用温度限值的产品中作进一步选择可考虑以下指标：

①随温度而变的传热性能指标　在整个使用温度范围内（包括启动条件下）所选产品具有较低的黏度和蒸气压、较大的密度、较高的比热容和导热系数。

②安全性能指标　产品为可燃液体，选择时应充分考虑安全和环境因素。闪点是主要的安全指标，但并不是越高越好。闪点过高则黏度大、流动性和传热性差。DIN 51522规定在液相不采用氮气封闭的系统中使用，闭口闪点大于100℃，可满足安全要求。另外，所选产品应不与被加工材料发生化学反应，对设备材料无腐蚀性，对人体和环境无害，在食品加工中使用还应符合卫生安全法规。

③外观　产品的外观往往说明其纯度和精制深度。应该指出的是，那些颜色深的稠的所谓高温热传导液，往往是用渣油、再生油、抽出油等低质原料制作的劣质产品，充其量是用汽缸油作的代用品，易结焦、寿命短；某些加有分散剂的矿物油型导热油颜色稍深，属正常现象；另一些产品虽然颜色浅淡，但采用馏分过轻，初馏点往往低于操作温度，使用中不仅蒸发损失过大，而且会造成运行障碍，选择时应注意。

④产品价格　在选择产品时，应在满足工艺及设计需要的前提下考虑产品价格。

由于目前国内矿油型产品大多为L–QB，即最高使用温度低于300℃的产品，如果实际使用温度在280℃以下，可以选用；如实际使用温度更高，尤其在300℃以上时，应选择合成型产品，不可片面强调一次性投资而忽视整体经济效益。

## 11 有机热载体的换油指标是如何规定的？

我国有机热载体的换油指标按GB 24747—2009《有机热载体安全技术条件》标准执行，主要从外观、闪点、黏度、残炭、酸值、水分和馏程几项指标来考虑和判断。

GB 24747—2009《有机热载体安全技术条件》标准中规定了在用有机热载体允许使用、安全警告和停止使用指标（见表8.3~表8.5）。

GB 24747—2009《有机热载体安全技术条件》标准中还规定了在用有机热载体质量判定与处置的具体办法。规定：检验结果全部符合表8.3中“允许使用质量指标”，判定该在用有机热载体质量处于正常状况，可以继续使用；检验结果中一项或数项处于表8.3中“安全警告质量指标”范围时，依据表8.4进行判定和处置。检验结果中一项或数项处于表8.5中“停止使用质量指标”范围时，依据表8.4进行判定和处置。

表8.3 在用有机热载体的质量指标和试验方法

| 项目 | | 允许使用质量指标 | 安全警告质量指标 | 停止使用质量指标 | 试验方法 |
|---|---|---|---|---|---|
| 外观 | 分层 | 无 | 轻微 | 明显 | 目测 |
| | 沉淀 | 无 | 轻微 | 明显 | |
| | 乳化 | 无 | 轻微 | 明显 | |
| 闪点（闭口）/℃ | | ≥100 | ＞60~＜100 | ≤60 | GB/T 261 |
| 运动黏度（40℃）/（$mm^2/s$） | L–QB、L–QC类 | ＜40 | 40~50 | ＞50 | GB/T 265<br>GB/T 11137 |
| | L–QD类 | ＜40 | 40~60 | ＞60 | |
| 残炭（质量分数）/% | | ＜1.0 | 1.0~1.5 | ＞1.5 | GB/T 268、SH/T 0170、GB/T 17144 |
| 酸值/［mg/g（以KOH计）］ | | ＜0.5 | 0.5~1.5 | ＞1.5 | 附录A |
| 水分/（mg/kg） | | ＜500 | 500~1000 | ＞1000 | GB/T 11133[c]、SH/T 0246 |
| 5%低沸物的馏出温度℃ | 在最高工作温度低于未使用有机热载体初馏点的条件下使用 | — | ≤在用有机热载体最高工作温度 | ≤在用有机热载体系统的回流温度 | GB/T 6536 |

续表

| 项目 | | 允许使用质量指标 | 安全警告质量指标 | 停止使用质量指标 | 试验方法 |
|---|---|---|---|---|---|
| 5%低沸物的馏出温度℃ | 在最高工作温度高于未使用有机热载体初馏点的条件下使用 | — | ≤未使用有机热载体的2%馏出温度 | ≤在用有机热载体系统的回流温度 | GB/T 6536 |

## 表8.4 安全警告质量问题的判定和处理

| 项目 | 安全警告质量指示 | 质量判定 | 处置 |
|---|---|---|---|
| 外观 | 任一项 | 轻度化学污染 | 找到污染源，确定污染物，缩短样品检验周期 |
| 酸值<br>运动黏度<br>残炭 | 实测值都未超出指标中间值 | 轻度过热、氧化 | 使用期限未超过两年者缩短样品检验周期；超过两年者继续每年一次样品检验 |
| | 任一项实测值超出指标中间值 | 中度过热、氧化或轻度污染 | 缩短样品检验周期 |
| 闪点<br>水分<br>5%低沸物馏出温度 | 实测值都未超出指标中间值 | 轻度过热、氧化或有水渗入 | 脱气操作，继续每年一次样品检验 |
| | 任一项实测值超出指标中间值 | 中度过热、氧化或有水渗入 | 脱气操作，脱气后一个月内进行一次样品检验，指标值达到允许使用值后继续每年一次检验 |

## 表8.5 停止使用质量问题的判定和处置

| 项目 | 停止使用质量指标 | 质量判定 | 处置 |
|---|---|---|---|
| 外观 | 任一项 | 中度、重度化学污染 | 停止使用，确认污染源和污染物，清洗系统，处理或更换在用有机热载体；更换后应进行样品检验，确认消除污染危害后方可继续使用 |
| 酸值<br>运动黏度<br>残炭 | 任一项 | 中度、重度过热及氧化，或污染 | 停止使用，处理或更换在用有机热载体；处理或更换后进行样品检验，确认该指标达到允许使用指标后方可继续使用 |
| 闪点<br>水分<br>5%低沸物馏出温度 | 任一项 | 中度、重度过热及氧化，水泄漏或污染 | 停止使用，进行脱气操作；脱气后进行样品检验，确认该项指标达到允许使用指标后方可继续使用 |
| 系统中混入对在用有机热载体质量产生明显影响或其危害性尚不明确的化学物质 | — | 严重污染 | 立即停止使用，确认污染物及污染程度，清洗系统并更换有机热载体，更换后进行样品检验，确认消除污染危害后方可继续使用 |

另外，一些企业合成型热传导液报废标准主要有：

美国孟山都公司Therminol系列合成型热传导液报废指标为：低沸物>5%，高沸物>10%，水分600～1000μg/g，酸值0.1～0.7 mgKOH/g，固型物>150 mg/100mL；其中最关键的是低沸及高沸物含量，其他三项为综合跟随指标。

德国赫斯Marlotherm S和L，运行中测定馏程、黏度、酸值、氧含量和萘含量、报废指标为：分解量>40%、萘含量≥8%、黏度（20℃）≥90 $mm^2/s$。

日本吴羽和综研化学对其KSK系列产品定期检验项目有：馏程、密度、黏度、闪点、水分等，变质达30%以上，需再生或更新。

## 12 热传导油在使用过程中发生污染的原因和处理方法有哪些?

热传导油在运输、存储和使用过程中，导致污染物混入而污染油品的情况时常发生，污染物主要有化学物质、水分、机械杂质等，这些污染物对导热油系统的正常运行和油品的性质有很大影响，甚至发生事故。

①化学污染是热传导油老化变质的重要原因之一，它给加热系统安全操作带来严重危害。混入途径一般是热传导油在运输、存储和注入系统的过程中混用容器，或新安装和检修清洗后的设备及管线没能彻底清除干净，使内部存有的污染物质混入油中而污染油品。混入油品中的一些化学物质一般不具有良好的热稳定性，在高温作用下易发生热裂解和聚合反应，形成低沸物和高沸物存在于系统中；甚至，有些化学物质在油品中会起到催化作用，催化油品的热裂解和聚合反应，使油品快速劣化而达到报废标准，缩短了热传导油的使用寿命。更为严重的是混入的化学物质有些可以与热传导油在高温下发生不明后果的化学反应，会给油品和加热系统操作带来难以预料和难以控制的危险。热传导油在使用过程中一旦发生化学污染，一般难以处理。

②水分污染可以发生在多个环节，主要是操作和系统因素，如运输、贮存及热传导油系统的原因导致热传导油污染情况时有发生。运输中槽车或包装桶和导热油储槽没有清理干净，以及热传导油系统在清洗和试压过程中没有将水分排干净。水分污染多采用系统升温排汽的方式来排出油品中的水分。

③机械杂质和水分的污染途径基本相似，主要在运输、贮存中的容器没有清理干净，另外，热传导油系统没有清洗干净，系统内仍存在铁屑和焊渣。机械杂质的存在会损坏热传导油系统的循环泵，也容易造成导热油的结炭加速，给热传导油系统带来较大的影响。建议用户在使用热传导油前进行系统过滤，尽量清除系统中的机械杂质。

## 13 热传导油是否存在安全隐患？如何避免？

（1）热传导油在运行中是存在安全隐患 热传导油易发生热裂解反应，在使用过程中存在潜在危险性。首先，热传导油由于加热系统的局部过热，生成易挥发及较低闪点的低聚物，低聚物间发生聚合反应生成不溶的高聚物，不只阻碍油品的流动，降低热传导效率，同时会造成管道局部过热变形炸裂的可能。其次，热传导油与溶解其中的空气及热载体系统填装时残留的空气在受热情况下发生氧化反应，生成有机酸及胶质物黏附输油管，不只影响传热介质的使用寿命，堵塞管路，同时易造成管路的酸性腐蚀，增加系统运行泄漏的风险。

（2）热传导油在使用过程的防护 ①防止热传导油的氧化，由于热传导油在高温运行的情况下易于发生氧化反应，造成导热油的劣化变质，所以通常对设置的高温膨胀槽进行充氮保护，确保热载体系统的封闭，防止导热油与空气接触，延长热传导油的使用寿命。②防止热传导油的结焦，热传导油在运行温度超越最高使用温度时，导油管壁会出现结焦现象，随着结焦层的增厚，导油管壁温偏高又促使黏附结焦，不时增厚的管壁温度进一步提高，随着管壁的不时增厚传热性能恶化，随时可能发生爆炸事故。因此，严格控制热载体出口处热传导油的温度不得超越最高使用温度，热载体的最高膜温应小于允许油膜温度。③定期排查泄漏点加强现场监控，要确保热载体系统完好不漏，定期排查设备的腐蚀渗漏情况，发现渗漏及时检修。因此，热载体系统要合理设计，使用中要定期检测设备壁厚和耐压强度，并在设备和管道上加装压力计、平安阀和放空管。④防止热载体内混入水及其他杂质。

## 14 如何避免热传导油变质？

（1）保证热传导油质量 对热传导油的性能指标严格控制，初装和使用过程补加的有机热载体产品应符合GB 23971—2009规格要求，新油验收严格按GB 24747—2009中未使用有机热载体验证指标和试验方法对运动黏度、酸值、水溶性酸碱、残炭、密度等进行验证检验。

（2）控制热传导油的流速 热传导油在热油炉中的流动应为稳定状态，并具有一定的流速。流速越慢，边界层越厚，该处介质温度与主流体温度之差越大，越会造成管壁超温，加速热传导油变质、失效。主要措施为循环油泵的流量与扬程应保证热传导油在热油炉中必要的流速。热油炉运行中，循环油泵不允许停止，并应定期维护保养。

（3）控制热传导油的温度 应保证热油炉出口处热传导油的温度不得超过最高使用温度，热油炉的最高膜温应小于允许油膜温度，膜温与热传导油主流体温度应始终存在一个温度差（一般20～30℃）。为防止膜温过高，避免导热油分解、聚合、结焦及老化，主要措施有：①开始点火升温时，因油温低，黏度大，油膜较厚，必须严格控制升温速度，一般应在10℃／h左右，火焰应均匀，避免局部热负荷集中。②在热负荷降低或暂时停用时应打开旁路回油调节阀，调节系统流量，使热油炉管内的热传导油具有足够的流量和流速。③任何情况下均不允许超负荷运行。④正常停炉时，循环泵要继续运转一段时间，待油温降至80℃以下时，循环油泵方可停转。⑤有机热载体炉应定期清灰。⑥定期检查、检验、维护热油炉监测仪表，使其灵敏、准确、可靠。

（4）避免热传导油氧化　通常设置高位膨胀槽，用以隔绝高温热载体直接与空气接触。高位槽可充氮保护，无充氮保护的，应保持一定液位，并装有最低液位报警器。

（5）在循环泵入口处应装过滤器　滤芯材料应能滤去悬浮状态的聚合物。过滤器应便于拆卸、更换。

（6）停电保护　突然停电时，必须采取有效的安全防护措施，避免热传导油超温、受热面金属发生过热，主要措施有：①打开所有炉门，迅速将炉膛内的燃料取出，使大量冷风进入炉膛，迅速降低炉温。同时迅速关闭出油总阀，打开放油阀门，将高温油缓慢放入储油槽，并让膨胀油槽中的冷油慢慢流入锅炉，及时带走热量。②配置备用电源或汽油机带动的备用油泵，一旦停电立即启动。

（7）定期化验　应按GB 24747—2009《有机热载体安全技术条件》规定新油3个月以后至少1年定期测定和分析热传导油理化指标，及时掌握油的品质变化情况，分析变化原因。有机热载体在使用过程中性能指标值超过一定范围，必须更新。

（8）补充新油　应按GB 24747—2009《有机热载体安全技术条件》规定，定期适当补充新热传导油可以使系统中的残油量基本保持稳定。补充的热传导油应为同一厂家生产的同一牌号产品，不同化学组成的气相有机热载体不得混用，气相有机热载体与液相有机热载体不得混用；不同化学和物理性质的有机热载体一般不应加入同一系统中混合使用，如果混用须经试验验证及取得供应商安全保证；在热态运转的系统内，不能直接加入未经脱水的冷介质。加入锅炉中的热传导油必须预先煮过以排出水分。

（9）科学清洗　当系统中有机热载体被严重污染，或锅炉炉管发生过热超温事故后，以及系统更换有机热载体之前，应对锅炉及系统进行检查。如果已产生结焦或残油黏附严重，应采用适当的清洗方式将系统中存在的污染物和炉管内的结焦物清除，以保持系统的清洁，避免新更换有机热载体被污染，以降低炉管阻力。有机热载体系统的清洗不应采用对有机热载体有污染或对系统材料有腐蚀危害的清洗介质。

# 第9章

# 轴承润滑油基础知识

## 1 轴承油及其作用是什么?

轴承油是精密机床及类似设备主轴轴承的专用润滑油，轴承油对延长轴承使用寿命、确保主轴的工作精度和使用性能起着十分重要的作用。主要用于锭子和油膜轴承以及精密机床主轴轴承，也可用于仪表轴承和其他精密机械润滑。

轴承润滑的目的是通过供给摩擦面间的润滑油，使之形成油膜，借以分散负荷并减少摩擦和磨损，防止轴承烧结。要求润滑油确保形成足够支承负荷强度的油膜所需的黏度、油性和极压抗磨性，要有足以排除摩擦热所需的流动性，以便起到减摩和冷却的作用，还要有必要的抗腐防锈、抗氧化、抗乳化和消泡等作用。

## 2 油膜轴承结构特点是什么?

油膜轴承主要由径向承载件、轴向承载件、锁紧装置、密封装置及其他部分组成。径向承载件主要是锥套和衬套。衬套通过定位销固定于轴承座中；锥套通过锥套键与轧辊连接。锥套随轧辊旋转，在锥套与衬套之间形成压力油膜，承受轧机的全部载荷。轴向承载件主要由止推轴承及其附件组成，安装于轧辊辊颈处，承受轧制时产生的轴向载荷，同时保证油膜轴承的轴向位置正确。精轧机支承辊油膜轴承为两端带止推轴承的对称结构，粗轧机轧辊油膜轴承为被动端带止推轴承的非对称结构，主、被动端通过拉杆实现被动端油膜轴承的轴向定位。油膜轴承的结构特点使其能够承受大的轧制载荷，其径向尺寸相对于传统的滚子轴承小，从而可增大轧辊轴颈尺寸，使轧辊能承受更大的轧制载荷，减少断辊事故，降低轧辊消耗，大幅度提高轧机能力。

## 3 油膜轴承的工作原理和润滑机理是什么?

随着冶金工业的发展，钢板高速轧机和摩根无扭高速线材轧机逐步得到广泛应用，这种轧机使用一种新型轴承—油膜轴承，其工况是长期处于高温、高压、多尘和多水的恶劣条件，油膜轴承大量应用于现代具有板型、板厚自动控制的板、带材轧机。

油膜轴承属滑动轴承一族，在工作条件下，处于全流体润滑状态。它是利用流体的动压润滑原理，即靠轴与轴承元件的相对运动，借助于润滑油的黏性和油在轴承副中的楔形间隙，形成的流体动压作用，而形成承载油膜的轴承。承载油膜又被称为压力油膜，起到平衡负载、隔离轴颈与轴套，将金属间的固体摩擦转化为液体内部的分子摩擦，将摩擦磨损降至最低限度，因而能在最大范围内满足承载压力、抗冲击力、变换速度、轧制精度、结构尺寸与使用寿命等要求。

根据雷诺方程设计，将轧制压力、轧制速度、轴承间隙和润滑油黏度四要素相匹配，形成不间断的稳定承载油膜，实现液体动压润滑，以满足轧机在不同运转状态下的摩擦与润滑；即在起动、停机、正转、反转变换时处于半干摩擦和边界摩擦的润滑，在冲击负荷或大量进水的混合摩擦的润滑，在正常运转和满负荷，连续作业时的液体摩擦与润滑。

所以油膜轴承润滑，常以下面三种形式表现：①启动或停机时，尽管轴与轴承间有润滑油，但由于运动速度等于零或趋近于零，流体动压润滑尚未形成或逐渐消失，轴与轴承必然直接接触，此时处于边界润滑甚至是半干摩擦状态。②轧机操作中，由于产生振动或进水过多或供油不足或油质有问题都可能产生混合润滑。③轧机运转正常平稳时，呈流体润滑。因此，油膜轴承的润滑特点是上述三种情况交替存在的混合润滑。

随着轧制速度越来越快，轧机油膜轴承对油膜轴承油的要求也越来越苛刻，逐步形成了以轧机油膜轴承应用为主的油膜轴承油系列产品。

## 4 油膜轴承的特点是什么？油膜轴承油的使用性能要求有哪些？

（1）油膜轴承的特点　与滚动轴承相比，油膜轴承具有以下特点：①承载能力大，为滚动轴承的2.5～5倍；②使用寿命长，为滚动轴承的几十倍；③结构尺寸较小，精度高；④摩擦系数低；⑤抗冲击能力强；⑥润滑系统复杂。

（2）油膜轴承油的使用性能要求　轧机油膜轴承工作性质特殊，不仅承受重载、冲击、连续负荷，而且还处于高温、高污染（氧化铁皮、高压水）的工作环境，因而对润滑油和润滑维护提出了极高的要求。油膜轴承的润滑特点及其工况情况要求油膜轴承油具有：①优越的分水性能，在长期使用中能迅速分离油中水分；②良好的氧化安定性与过滤性，确保在循环使用中减缓油品变质速度，延长油品使用寿命；③优良的黏温性能和适宜的黏度，在轴承温度变动较大时，仍能实现各个润滑部位的正常润滑；④良好的极压抗磨性能，减少轴承的磨损，延长轴承使用寿命，减少换辊次数；⑤良好的防锈、抗泡沫性能，防止润滑系统产生锈蚀，阻塞油路、造成磨损和供油不足。

## 5 轴承油是如何分类的？

我国轴承油分类标准GB 7631.4—1989《润滑剂、工业用油和相关产品（L类）的分类　第4部分：F组（主轴、轴承和有关离合器）》是等效采用ISO 6743.4:1981同类标准制定的。产品按组成及具体应用分L-FC（抗氧防锈型）、L-FD（抗氧防锈抗磨）两个产品类型。L-FC是精制矿油并加入添加剂以改善其抗腐蚀和抗氧性。适用于滑动或滚动轴承和相关离合器的压力、油浴和油雾（悬浮微粒）润滑。为防止离合器腐蚀或打滑、FC油应不含抗磨或极压添加剂。L-FD是在FC基础上改善了抗磨性。适用于滑动或滚动轴承的压力、油浴和油雾（悬浮微粒）润滑。

另外，还有一类为专用于钢铁行业轧机的油膜轴承油，需满足高速、重载、连续、自动化、大型化以及高温、高负荷和各种高压冷却水等苛刻工况要求。

国际上，针对油膜轴承油还没有统一具体分类标准，根据轧机的不同使用要求，轧机轴承制造厂商（OEM）及油公司通常将油膜轴承油划分为抗氧、抗乳化、防锈型油膜轴承油和抗氧、抗乳化、防锈、抗磨型重负荷油膜轴承油两大类。

## 6 轴承油标准有哪些？

国际上轴承油代表性规格主要有ISO 19378—2003（L-FC、L-FD），美国辛辛那提机床国际有限公司规格Cincinnati Machine P-65（FC-2）、Cincinnati Machine P-62（FC-10）、Cincinnati Machine P-45（FC-22）。

我国主轴轴承油产品标准为SH/T 0017-1990，标准中L-FC轴承油分为2、3、5、7、10、15、22、32、46、68、100共11个黏度牌号，L-FD轴承油分为2、3、5、7、10、15、22共7个黏度牌号。

国际上较有影响的油膜轴承油标准是美钢US.Steel 136《重负荷循环油》和摩根（Morgoil）公司油膜轴承油规范*MORGOIL Advanced Lubricant*（*New Oil*）。各企业参照美钢US.Steel 136油膜轴承润滑油标准（见表9.1）或国外油公司产品质量指标制定各自企业标准。

美钢US.Steel 136《重负荷循环油》油膜轴承油按40℃运动黏度时分为68、100、150、220、320、460、680、1000八个黏度等级。

美国摩根工程公司是专门从事冶金设备设计和制造的世界著名公司，已有100多年的历史，在线、棒材轧机和油膜轴承的制造业居于世界领先地位。

美国摩根（Morgoil）油膜轴承油规范包括Morgan“超级抗乳化”高级润滑油规范及“无扭线材轧机”重负荷油膜轴承油规范两种。

美国摩根公司抗氧防锈抗乳化型油膜轴承油标准为：Morgan“超级抗乳化”高级润滑油规范。包括：

西马格-摩根油膜轴承油（SMS SIEMAG-MORGOIL）-标准润滑油规范SN 180 Part3：2016-03；西马格-摩根油膜轴承油（SMS SIEMAG-MORGOIL）-高级润滑油规范SN 180 Part4：2016-04。美孚威格力 100（Mobil Vacuoline 100）系列产品满足此

规范要求。

摩根公司抗磨型重负荷油膜轴承油标准为：MORGOIL"无扭线材轧机"润滑油规范和西马克（SMS）无扭线材轧机油品技术规格。美孚威格力500（Mobil Vacuoline 500）系列产品满足此规范要求。

另外，中国重型机械工业协会油膜轴承分会于2010年牵头组织部分钢厂、学校、石化单位与行业协会编写过《轧机油膜轴承润滑油标准及规程》。

表9.1 US.Steel 136油膜轴承油规格

| 项目 | | 美钢-136规格 | 试验方法 |
|---|---|---|---|
| 运动黏度（40℃）/（$mm^2/s$） | | 90～110 | ASTM D88 |
| 黏度指数 | 不小于 | 95 | ASTM D2270 |
| 倾点/℃ | 不大于 | −12 | ASTM D97 |
| 闪点（开口）/℃ | 不小于 | 200 | ASTM D92 |
| 水分/% | | 痕迹 | |
| 机械杂质/% | 不大于 | 0.01 | |
| 比色/级 | 不大于 | 3.5 | |
| 防锈性A/B | | 无锈/无锈 | ASTM D665 |
| 铜片腐蚀（100℃×3h）/级 | | 1 | ASTM D130 |
| 抗泡沫（24℃，消泡时间）/min | 不大于 | 10 | ASTM D892 |
| 抗乳化D2711A法 | | | |
| 总分水/mL | 不小于 | 36 | ASTM D2711 |
| D1401/min | 不大于 | 20 | ASTM D1401 |
| 抗氧化 氧弹/min | 不小于 | 120 | ASTM D2272 |
| D943/h | | 报告 | ASTM D943 |
| 四球机试验 ZMZ/N（kgf） | 不小于 | 294（30） | ASTM D2783 |
| PD/N（kgf） | 不小于 | 1470（150） | |
| D（196N，60min）/mm | 不大于 | 0.50 | ASTM D2266 |
| FZG齿轮机（通过）/级 | | 9 | DIN 51354 |

## 7 主轴轴承油组成及性能特点有哪些?

（1）L-FC轴承油是抗氧防锈型油

一般是以精制或深精制矿物油为基础油，并加入抗氧、防锈等添加剂所组成。L-FC轴承油适用于滑动或滚动轴承和相关离合器的压力、油浴和油雾（悬浮微粒）润滑，也适用于离合器在环境温度为0℃以上条件下使用。

轴承油的性能要求主要有:①合适的黏度和良好的黏温性能；②良好的抗氧化性能，能长期使用；③对钢铁及有色金属的抗腐防锈性能好；④凝点低，在低温环境下，特别是在启动时，有良好的流动性；⑤抗泡沫性能好。

（2）L-FD轴承油的组成与性能

L-FD轴承油是由精制或深精制矿物油或以聚烯烃合成油为基础油，加入抗氧、抗磨、防锈等添加剂所组成。主要适用于精密机床主轴轴承、仪表轴承及其他循环、油浴、喷雾润滑的高速滑动轴承或精密滚动轴承。其中L–FD5和L–FD7也可作为纺织工业高速锭子油，L–FD10也可作为普通轴承润滑或缝纫机油，L–FD15或L–FD22也可作为低压系统液压油使用，并应在环境温度为0℃以上条件下使用。用于主轴润滑时，若主轴和轴承的间隙在0.002～0.006mm时选用L–FD2轴承油；在0.006～0.008mm时选用L–FD5轴承油；在0.008～0.010mm时选用L–FD7轴承油；在0.010～0.02mm时选用L–FD15轴承油。

L–FD轴承油的作用是降低主轴温升，减少主轴磨损，抗腐防锈以及延长主轴使用寿命。其性能要求主要是四个方面：①合适的黏度和良好的黏温性能；②良好的润滑性和一定的抗磨性；③良好的抗氧化性；④良好的防锈性和抗泡沫性。

## 8 油膜轴承油品种及性能特点有哪些？

油膜轴承油主要分为抗氧防锈型油膜轴承油和极压抗磨型（重负荷型）油膜轴承油两种。现在广泛使用的是极压抗磨型的重负荷油膜轴承油。

抗氧防锈型油膜轴承油由深度精制矿物为基础油加入抗氧、防锈、抗乳化等添加剂调制而成，具有抗氧化、防锈防腐保护以及出色的抗乳化能力，为设备提供出色的保护、高度可靠的运转和延长的润滑油寿命。主要用于全液体润滑系统（特别是那些受水污染严重的润滑系统）中滑动轴承的润滑，也可用于金属轧机中的支承辊轴承的润滑，尤其是采用单槽或双槽的Morgoil轴承系统。比较具有代表性的产品是Mobil Vacuoline 100系列。

极压抗磨型（重负荷型）油膜轴承油采用深度精制或加氢Ⅱ类、Ⅲ类基础油，加入高性能进口复合抗氧剂、极压抗磨剂、破乳剂、防锈剂、抗泡剂等多种功能添加剂，经先进生产工艺精细调配而成。具有良好的黏温性能、优异的抗乳化性能、足够的抗磨性能和极压性能、良好的防锈、防腐性能、氧化安定性能和抗泡沫性能等综合性能。主要用于冶金工业高速线材精轧机的循环系统，包括中轧机组、预精轧机组和精轧机组的轴承、齿轮、调校螺杆的润滑，也用于轧钢机支承辊轴承循环系统，同时也适用于各种工业设备循环系统齿轮和轴承的润滑。比较具有代表性的产品是Mobil Vacuoline 500系列。

## 9 滑动轴承、滚动轴承用油黏度应如何选择？

通常，滑动轴承大多采用润滑油润滑，但在开式轴承及部分密封式轴承上，也有采用润滑脂润滑的。滚动轴承大都用润滑脂润滑，但当速度高于4～5m/s，或温度低至阻力太大而不宜用润滑脂时，或者需大量散热或与机组整个润滑系统组合在一起时，也须用润滑油润滑。不论是用油或用脂润滑，都要首先选择适当的黏度或稠度（指考虑脂的基础油黏度）。黏度过大，则内摩擦阻力增加，动力损失也增加，因而摩擦热也增大，并加速油的变质。超过一定温度后，还要加速疲劳磨损，因而是有害的。一旦黏度过小，则润滑油膜薄而强度不够，增大摩擦和磨损，甚至会产生非流体润滑或干摩擦，从而损坏机械。

（1）滑动轴承用油的黏度选择

滑动轴承润滑油黏度选择的方法有很多，最简单实用的方法是查表法。根据负荷、转数、温度和润滑方法，综合考虑合适的润滑油黏度（见表9.2和表9.3）。

表9.2 滑动轴承用润滑油黏度选择

| 转速/（r/min） | 低负荷～中负荷（2.94MPa以下） | |
|---|---|---|
| | 运转温度60℃以下 | |
| | 给油方法 | 选择的适宜黏度（40℃）/（$mm^2/s$） |
| 50以下 | 循环，油浴，针阀，油垫，油环，油链滴下，手加 | 135～190<br>135～240 |
| 50～100 | 循环，油浴，油链，油垫，油环滴下，手加 | 100～145<br>100～190 |
| 100～500 | 循环，油浴，油环，油链滴下，手加 | 60～90<br>60～110 |
| 500～1000 | 循环，油浴，油环滴下，手加 | 55～75<br>55～85 |
| 1000～3000 | 滴下，油浴，油环，循环，喷雾 | 25～55 |
| 3000～5000 | 油浴，油环，循环，喷雾 | 18～32 |
| 5000以上 | 循环，喷雾 | 10～20 |

表9.3 滑动轴承用润滑油黏度选择

| 转速/（r/min） | 中负荷～高负荷（2.94～7.35MPa） | |
|---|---|---|
| | 运转温度60℃以下 | |
| | 给油方法 | 选择的适宜黏度（40℃）/（$mm^2/s$） |
| 50以下 | 循环，油浴，针阀，油垫，油链，油环滴下，手加 | 290～380<br>290～400 |
| 50～100 | 循环，油浴，油垫，油链，油环滴下，手加 | 180～270<br>185～330 |
| 100～250 | 循环，油浴，油环滴下，手加 | 140～200<br>135～240 |

续表

| 转速/（r/min） | 中负荷～高负荷（2.94～7.35MPa） | |
|---|---|---|
| | 运转温度60℃以下 | |
| | 给油方法 | 选择的适宜黏度（40℃）/（$mm^2/s$） |
| 250～500 | 循环，油浴，油环滴下，手加 | 100～170<br>100～180 |
| 500～750 | 循环，油浴，油环滴下，手加 | 90～120<br>90～135 |

（2）滚动轴承用油的黏度选择

轴承制造厂对于滚动轴承润滑油的黏度选用大体相同。如瑞典SKF公司、日本精工（NSK）等都规定在运转温度条件下，一般球形滚动轴承、圆柱滚动轴承等用油黏度为13$mm^2/s$；圆锥形、球面形滚柱轴承用油黏度为20$mm^2/s$；推力球面滚柱轴承用油黏度为32$mm^2/s$。详细选用适宜黏度的查表法很复杂，并且对某些参数需用图表补正。各种滚动轴承适用润滑油黏度的简单查表选定法（见表9.4）。

表9.4　滚动轴承用润滑油黏度选择

| 运转温度（环境温度）/℃ | 速度指数（*dn*值） | 选择的适宜黏度（40℃）/（$mm^2/s$） | |
|---|---|---|---|
| | | 普通负荷 | 高负荷或冲击负荷 |
| -10～0 | 各种 | 15～30 | 27～55 |
| 0～60 | 15000以下<br>15000～80000<br>80000～150000<br>150000～500000 | 35～60<br>27～50<br>18～32<br>10～13 | 80～110<br>55～70<br>27～45<br>18～32 |
| 60～100 | 15000以下<br>15000～80000<br>80000～150000<br>150000～500000 | 100～150<br>80～110<br>45～65<br>25～32 | 150～240<br>100～140<br>70～140<br>45～60 |
| 100～150 | 各种 | 200～380 | |
| 0～60 | 自动定心滚动轴承 | 35～60 | |
| 60～100 | 自动定心滚动轴承 | 105～150 | |

## 10 如何合理选用L-FD主轴轴承油?

通常，依据机床主轴的转速以及主轴和轴承之间的间隙大小来选用L-FD主轴油（见表9.5）。滑动轴承主要依据主轴与轴承之间隙来选用主轴油；滚动轴承用油黏度的选择依据转数的高低来选用，滚动轴承转速在3000 r/min以下者用精密机床主轴润滑脂或L-FD22主轴油，转速在3000 r/min以上者最好使用主轴油。

表9.5 L-FD系列产品应用技术规范

| 产品牌号 | 应用技术规范 |
|---|---|
| 2、5、7、15 | 主要用于精密机床的左右轴承、主轴箱 |
| 5 | 用于15000r/min以上细纱锭子 |
| 7 | 用于15000 r/min的细纱锭子，8000～12000 r/min的高速轻负荷机械和缝纫机 |
| 10 | 用于10000～13000 r/min的细纱锭子，轻型针织机，5000～8000 r/min的轻负荷机械，5000r/min以上的小型电机、缝纫机及普通仪表轴承 |
| 15、22 | 可充当低压系统用油和其他精密机械用油 |

滑动轴承主要依据主轴与轴承之间隙来选用主轴油，见表9.6。

表9.6 主轴油的选用（滑动轴承）

| 主轴与轴承之间隙/mm | 选取的主轴油牌号 |
|---|---|
| 0.002～0.006 | 2 |
| 0.006～0.010 | 3、5、7 |
| 0.010～0.030 | 7、10 |
| 0.030～0.060 | 15、22 |

滚动轴承转速在3000 r/min以下者用精密机床主轴润滑脂或22主轴油，转速在3000 r/min以上者最好使用主轴油，选用的油品黏度可依据转数的高低来选用。

## 11 如何合理选用油膜轴承油?

（1）冶金用油膜轴承工况特点　油膜轴承是滑动轴承的一种，主要用于大型高速轧机轧辊和高速线材轧机组、中连轧机以及精轧机组（包括预精轧）轧辊。油膜轴承与一般滑动轴承有以下主要区别：

①与油膜轴承配合的轧辊轴线速度极高，适用于高速运转。

②油膜轴承承载负荷很大，适用于大型化。

③油膜轴承在正常工作状态，轴与轴承能瞬时保持油膜，并靠轴的高速转动和润滑油楔的流体动压作用，使轴与轴承间容易形成流体润滑状态。

④油膜轴承因所处使用环境，容易进水。

（2）油膜轴承油的选用　虽然可以参考滑动轴承黏度选用原则，根据油膜轴承的技术参数（轧制负荷、轧速、轴承尺寸等），利用油膜强度的校核方法确定中、低油膜轴承油的黏度牌号，但是大型高速轧机的负荷极高，为保持油膜所需的润滑油黏度，往往高达一般滑动轴承润滑油黏度选用的上限，甚至要超过此上限，查表、查图法是难以满足实际需要的，因此，油膜轴承油的选用还需注意以下几点：

①对于高速大型轧机和高速线材轧机组、中连轧机组的油膜轴承，因承载负荷

大，需选用40℃黏度为320～680mm²/s高黏度牌号的抗氧防锈型油膜轴承油。对于低负荷大型轧机，选用的黏度应较低，如220黏度牌号油就可能满足要求。

②处于近水部位的高速大型轧机，考虑到进水将可能影响润滑性和防锈性，其油膜轴承应该选用40℃黏度为320～680mm²/s高黏度抗乳化性能优良的油膜轴承油。

③对于高速线材轧机的预精轧和精轧机组油膜轴承，因轴速高，需选用40℃黏度为90～220mm²/s的重负荷抗磨型油膜轴承油。

④对于只给油膜轴承润滑，属于动压或静压润滑方式，选用普通抗氧防锈型油膜轴承油，对同时给油膜轴承、滚动轴承、齿轮等部件润滑，要满足设备动压和极压润滑的要求，需选用重负荷抗磨型油膜轴承油。

（3）国内外油膜轴承油应用示例（见表9.7）

表9.7　国内外油膜轴承油产品应用举例

| 国外油膜轴承油 | | | | 国内油膜轴承油 |
|---|---|---|---|---|
| 油膜轴承油系列牌号 | | 主要性能 | 轧机使用部位 | 油膜轴承油牌号 |
| 抗氧防锈型油膜轴承油（Mobil Vacuoline 100 Series） | Mobil Vacuoline 128 | 抗氧化<br>抗乳化<br>抗泡沫性 | 大型轧机支撑辊油膜轴承 | 150号抗氧防锈型油膜轴承油 |
| | Mobil Vacuoline 133 | 抗氧化<br>抗乳化<br>抗泡沫性 | 循环系统轴承、轧钢机齿轮 | 220号抗氧防锈型油膜轴承油 |
| | Mobil Vacuoline 137 | 抗氧化<br>抗乳化<br>抗泡沫性 | 粗、中连轧机油膜轴承 | 320号抗氧防锈型油膜轴承油 |
| | 出光兴产Daphne 2450 | 抗氧化<br>抗乳化<br>抗泡沫性 | 钢厂1700轧机单机架平整轧机油膜轴承 | 220号抗氧防锈型油膜轴承油 |
| | Shell Vitrea M 220、320、460（Shell Morlina S3 BA220、320、460） | 抗氧化<br>抗乳化<br>抗泡沫性 | 钢厂轧钢设备，板带轧机油膜轴承 | 220、320、460号抗氧防锈型油膜轴承油 |
| | ESSO N220 N320 | 抗氧化<br>抗乳化<br>抗泡沫性 | 薄板冷轧机油膜轴承 | 220、320号抗氧防锈型油膜轴承油 |
| | Mobil Vacuoline 146 | 抗乳化<br>抗泡沫性 | 大型轧钢机轴承及其他旋转体轴承，如：1700轧机、2030连轧机近水部位油膜轴承 | 460号抗氧防锈型油膜轴承油 |
| | Mobil Vacuoline 148 | 抗乳化<br>抗泡沫性 | 连轧机近水部位油膜轴承 | 680号抗氧防锈型油膜轴承油 |

续表

| 国外油膜轴承油 | | | | 国内油膜轴承油 |
|---|---|---|---|---|
| 油膜轴承油系列牌号 | | 主要性能 | 轧机使用部位 | 油膜轴承油牌号 |
| 抗磨型油膜轴承油（Mobil Vacuoline 500 Series） | Mobil Vacuoline 525、533、537、546、548 | 抗氧化<br>抗乳化<br>防　锈<br>抗　磨<br>抗泡性 | 高速线材轧机、预精轧和精轧循环系统，包括轴承、齿轮、调教螺杆，也适用于轧钢机支辊轴承循环系统 | 100、150、220、320、460、680号抗磨型油膜轴承油 |
| | Shell Morlina T100、T220（Shell Morlina S2 BA 100、220） | 抗氧化<br>抗乳化<br>防　锈<br>抗　磨<br>抗泡性 | 高速线材轧机、预精轧和精轧循环系统，包括轴承、齿轮、调教螺杆，也适用于轧钢机支辊轴承循环系统 | 100、220号抗磨型油膜轴承油 |
| | 太阳SUNOCO SUNVIS 5100、5150、5220 | 抗氧化<br>抗乳化<br>防　锈<br>抗　磨<br>抗泡性 | 高速线轧机的循环系统，包括中轧机组、预精轧机组和精轧机组的轴承、齿轮、调校螺杆的润滑，也用于轧钢机支辊轴承循环系统 | 100、150、220号抗磨型油膜轴承油 |

## 12 轴承油的换油周期有哪些规定？

滑动轴承润滑油的换油期，依润滑方法各异，集中循环润滑系统依换油指标，定期检测达到换油指标时为换油基准。

滚动轴承润滑油的换油期，随轴承工作条件（温度、负荷、转速、接触介质）而不同。一般，轴承运转温度低于50℃、灰尘少的环境下使用时，可以一年更换一次；如果油温超过100℃时，则需每3个月或3个月以内换一次；在有水分浸入或由于油浴润滑混入异物的情况下，需要缩短更换周期。牌号不同的润滑油禁止混用。

单列球滚动轴承每天运转8h，负荷166bar以下的换油期和轴承速度指数关系，见表9.8。

表9.8　单列球滚动轴承每天运转8h，负荷166bar以下的换油期和轴承速度指数关系

| *dn*值/（内径mm × r/min） | 50000 | 100000 | 200000 | 300000 | 400000 |
|---|---|---|---|---|---|
| 换（加）油期/月 | 36 | 18 | 6 | 2 | 1 |

注：推力轴承和锥形或柱形滚动轴承的换油期，同样条件下约为上列期间的一半。

油膜轴承油的换油指标比较难确定，其主要由各用户根据自己的设备及具体情况而掌握。主要考察油的黏度变化（±10%），酸值的增加（无添加剂：1.0mgKOH/g，加添加剂：2.0mgKOH/g）和油中水分的含量（0.2%，近水为1.0%）。

## 13 油膜轴承油使用注意事项有哪些？如何维护？

（1）注意事项

①油膜轴承油使用前一定要将油箱及油路清洗干净，然后再装入所需油品，循环使用；

②注意轴承密封，防止杂质及水分进入油中；

③油品在贮存、使用时要确保油品的清洁，避免混入杂质，油品进入轴承之前，需经过过滤，以免将杂质带入轴承，破坏油膜造成磨损；

④使用前注意检查有无沉淀，有少量沉淀时（可能是贮存时水杂质浸入所致），过滤后再使用。

（2）维护

①油膜轴承油在使用过程中会因受热氧化、搅拌、机械剪切等作用，以及磨损粉末、水分、灰尘的混入而劣化，使黏度、酸值、含水量上升，产生油泥、颜色变深等；

②需定期监测，按规定及时添加新油或换油；

③水含量大于3%时，应切换油箱或延长静止时间，或同时启动连续离心过滤机将水分尽快排出，直到水含量低于1%为止。

## 14 油膜轴承油油水分离性评定方法有哪些？为什么有时需用工业水进行评定？

轧钢机油膜轴承一般用作轧辊的支撑，工况极为恶劣，冷却水飞溅，氧化铁皮多，环境温度高，外界污染物（水、水汽、粉尘）不可避免地进入润滑系统，使油品污染，甚至乳化，降低了油膜强度，易损伤轴承。

因此，轧钢连续生产要求油膜轴承油具有优良的抗乳化性能（油水分离性）。油膜轴承油油水分离性是油膜轴承油重要质量性能指标之一，通常用两种测试方法进行评定：

（1）GB/T 7305（ASTM D1401）法　该方法是在82℃温度条件下，将40mL油和40mL蒸馏水充分搅拌后，静止达到40mL（油）–37mL（水）–3mL（乳化层）状态所需要的时间，要求不超过30min。该方法主要目的是考察油品的油水分离速度。

（2）GB/T 8022（ASTM D2711）法　该方法是在82℃温度条件下，将405mL油和45mL蒸馏水混合后，经高速（5000r/min）搅拌后静止5h，游离水分出量要求不小于36mL，同时测定油中水含量指标。该方法表现油在油箱静置后的分水性能，对实际运行维护有现实意义。

轧钢冷却水是油膜轴承油的主要污染源，工业水水质对油膜轴承油的抗乳化性能影响很大，实验室的抗乳化试验选用的是蒸馏水，而轧机工业冷却水与蒸馏水水质相差很大。水质可以用总硬度和pH值衡量。总硬度指水中金属离子（$Fe^{3+}$、$Ga^{2+}$、$Zn^{2+}$、$Mg^{2+}$等）含量。蒸馏水金属离子极少，硬度接近于零，而冶金工业水质总硬度在2～13不等；pH值表示酸碱度，蒸馏水为中性，pH值为7，而冶金工业水偏碱性，pH值在7～8.5。一般来讲，水质总硬度越高，pH值越大，水质越差，对油品抗乳化性能越不利。所以在选用油膜轴承油时，必须提供工业水样，供油品供应厂商用提供的工业水样做抗乳化性能试验，确保油品质量满足实际需求。

## 15 油膜轴承油进水的危害是什么？对压力循环润滑系统应采取哪些技术措施进行脱水？

通常，通过改善油膜轴承结构和密封材料抗磨损性等措施防止进水，但高速线材轧机等近水部位的油膜轴承，由于其均是动态密封状态，进水是不可避免的。

①水进入油膜轴承油，可能形成紊流，破坏正常运转下的流体润滑，含水量超标，将导致润滑油黏度降低，使油膜强度和润滑性降低，引起非正常磨损。

②水与油品使用中产生的氧化产物和油泥形成胶状油团，可能会堵塞过滤网器。

③水促使油中添加剂水解加速油液的劣化变质，使油品乳化降低分水性能和抗泡性。含有游离水和酸类物质并不断劣化的润滑油在系统内循环，会腐蚀系统内各元件，特别是腐蚀轴承等传动部件，被腐蚀的轴承极易产生疲劳剥落、磨损和胶合等故障。

④油膜轴承孔径磨损导致其形状不规则，破坏油楔生成条件，最终导致转轴、齿轮、轴承等的锈蚀，辊轴和轴承的烧损，更为严重的是一个机架的烧损可能导致系统污染，引起其他机架连锁反应。

为使混入大量工业水呈半乳化状的油膜轴承油能在规定时间内破乳脱水，通常要求设置两个油箱，每个油箱容积为油泵每分钟排量的35～40倍。以确保回油水中的杂质有足够沉降时间，当加热沉降水分时，油液加热温度不宜超过65℃。循环系统设置高速离心脱水机，当含水量超过0.5%时，及时更换油箱进行脱水作业。另外，油箱内设置自动排水或积水报警装置，以便及时将分离水排出，同时，配置动态液位控制，对突发性大量油液外泄报警或联锁停机。

## 16 油膜轴承烧损的主要原因是什么?

（1）设备原因

①设备大中修后，装轴承时未调整好，试车时空负荷运转又磨合不好，两个摩擦面之间的凸峰未磨合平滑，加之轧钢时冲击负荷产生的振动，致使轴与轴瓦的局部发生烧结；

②轴承质量差，内衬加工精度达不到设计要求，运转过程中不能形成连续的油膜，导致轴承烧损或烧结（锥套与衬套是加工精度最高的，锥套表面粗糙度为 $R_a$0.05μm（衬套$R_a$0.2μm））；

③轴承密封差，油中进水量大。

（2）润滑原因

①润滑管道或过滤器堵塞，轴承供油不足，形成干摩擦，轴承温升大幅提高，造成轴承烧损或抱轴；

②油膜轴承油润滑性差，不能形成足够强度的油膜，以隔离轴与轴承衬的直接接触，造成轴承温升大幅提高，导致轴与轴瓦的局部烧结；

③油膜轴承油分水性差，使油中大量含水，导致油膜强度大大降低，油膜轴承内不能形成足够的油膜，促使轴与轴瓦的局部烧结。

油膜轴承油质量的高低，直接关系到油膜轴承的正常运行。

板材轧机油膜轴承价格昂贵，每个轴承价值数万元到数十万元不等，换轴承也停产，费钱费时。对于连轧机危害将更大，可能导致多架载机轴承烧损，损失惨重，严重影响生产。

## 17 轴承温度过高的原因有哪些?

导致轴承温度过高的原因有很多，常见的问题有：

（1）润滑不良

润滑对轴承的使用寿命和摩擦、磨损、振动等有重要影响，良好的润滑是保证轴承正常运转的必要条件。据统计，40%左右的轴承损坏都和润滑不良相关。

（2）轴承磨损

轴承作为重要零件，运用于各种大小型机械，而一些机械（例如破碎机）的工作环境粉尘多，当部分细粉尘进入高速运转的轴承座内，造成轴承座内的润滑油或润滑脂变质，润滑不良，继而使轴承出现磨损。轴承在磨损状态下继续运转，由于摩擦力增大，热量增加，从而导致轴承温度升高。

（3）安装不当

安装不当是轴承发热的另一重要原因。因为轴承安装的正确与否，对其寿命和主机精度有着直接影响，故安装时要求轴与轴承孔的中心线必须重合。如果轴承安装不正，精度低，轴承存在挠度，转动时就会产生力矩，引起轴承发热或磨损。另外，轴承还会产生振动，噪声增大，也会使温升递增。

（4）冷却不足

冷却不足通常表现为：管路堵塞，冷却器选用不合适，冷却效果差等。润滑管路的冷却器结垢堵塞，会致使冷却效果变差，特别是夏季生产，此问题尤其普遍。个别厂家不惜加大或并、串联冷却器来加强冷却效果。冷却器结垢严重，轴承温度过高频繁报警的情况在很多生产现场都会遇到，比较有效的处理办法是每年入夏之前对冷却器进行酸洗除垢。

（5）振动大

例如联轴器找正公差不符合要求，转子存在动、静不平衡，基础刚性差、地脚虚，旋转失速和喘振。有些转子在运行过程中由于受到介质的腐蚀或固体杂质的磨损，或者是轴出现弯曲，就会导致产生不平衡的离心力，从而使轴承发热、振动，滚道严重磨损，直至破坏。

（6）检查更换不及时

轴承如发现严重的疲劳剥落、氧化锈蚀、磨损的凹坑、裂纹，或有过大噪声无法调整时，若更换不及时，则会造成轴承出现发热、异声、振动等情况，从而影响正常的生产。另外，轴承拆卸不当、设备地脚螺栓松动造成的振动，也会导致轴承滚道和滚动体产生压痕，轴承内、外座圈的开裂。轴承运行过程中，应按规定周期进行检查。

（7）轴承质量不良

滚动轴承零件以点接触或线接触的形式，在高的交变接触应力下长期工作。主机的精度、寿命和可靠性很大程度上取决于轴承，因此在轴承的采购验收环节中一定要注意检查，选用正规厂家的合格优质产品。

（8）轴承选型不当

选用轴承时应注意该轴承的极限转速、负载能力，不能超转速、超负荷使用，那样只会缩短轴承的使用寿命，得不偿失。

## 18 轴承温度高时应从哪些方面解决问题?

（1）加油量不当，润滑油脂过多或过少时

应当按照工作的要求定期给轴承箱加油。轴承加油后有时也会出现温度高的情况，主要是加油过多。这时现象为温度持续不断上升，到达某点后（一般在比正常运行温度高10~15℃）就会维持不变，然后会逐渐下降。电机轴承润滑油脂不足时也会导致轴承烧坏。应及时调整按规定要求加油。

（2）所加油脂不符合要求或被污染时

润滑油脂选用不合适，不易形成均匀的润滑油膜，无法减少轴承内部摩擦及磨损，润滑不足，轴承温度升高。当不同型号的油脂混合时，可能会发生化学反应，造成油脂变质、结块，降低润滑效果。油脂受污染也会使轴承温度升高，加油脂过程中落入灰尘，造成油脂污染，导致轴承箱内部油脂劣化破坏轴承润滑，温度升高。

因此应选用合适的油脂，检修中应对轴承箱及轴承进行清洗，对加油管路进行检查疏通，不同型号的油脂不许混用；若更换其他型号的油脂时，应先将原来油脂清理干净。运行维护中定期加油脂，油脂应妥善保管做好防潮防尘措施。

（3）冷却不足时

检查管路是否堵塞，进油温度及回水温度是否超标。若冷却器选用不合适，冷却效果差，无法满足使用要求时，应及时进行更换或安装新冷却器。轴流式引风机还应检查中芯筒的保温和密封性。

（4）以上方面都不存在问题时，检查联轴器

联轴器的找正要符合工艺标准。在对轴流式引风机、液力耦合器等找正时还应考虑运行中设备受热膨胀的问题。引风机叶轮侧因受热膨胀，轴承箱升高；液力耦合器运行中温度升高轴承箱膨胀，轴承升高，因此找正时电机要高一些，预留量的大小要依据设备的特性和运行中的温度参数而定。

# 第10章 工业用润滑脂基础知识

## 1 润滑脂的组成和作用是什么?

润滑脂是由稠化剂、稠化基础油并加入功能性添加剂所形成的一种具有可塑性的润滑剂，在机械设备摩擦副上主要起到减摩、防护、密封等三大作用。

润滑脂主要由基础油、稠化剂和满足特殊性能要求的各种功能性添加剂组成，一般基础油占80% ~95%、稠化剂占4% ~20%、添加剂占0~5%。

润滑脂具有可塑性，兼有液体和固体润滑剂的特点，在常温或静止状态下，能黏附在被润滑的表面，当温度升高或受到机械剪切作用（摩擦副的运动）时，润滑脂就会变软甚至成为半流体状态；温度降低和机械作用消失后，又可恢复到可塑状态，这就是润滑脂独特的流变性质。

润滑脂独特的流变性使其可以应用到一些液体或固体润滑剂无法应用的领域，其应用之广泛几乎涵盖了工业、农业、交通运输业、航空航天业、电子信息业和军事装备等所有领域。

## 2 润滑脂与润滑油性能特点有哪些区别? 什么情况下选用润滑脂?

润滑脂与润滑油的最根本区别在于它的组成中含有稠化剂。稠化剂在润滑脂中形成三维结构骨架，将润滑油固定，形成一种凝胶状物质，组成与结构的差异，使润滑脂具有不同于润滑油的很多性能和使用特点（见表10.1）。

表10.1 润滑油与润滑脂的差异

| 项目 | 润滑脂 | 润滑油 |
|---|---|---|
| 运转速度 | 不适用于超高速 | 任何速度都适用 |
| 运转阻力 | 比润滑油大 | 小 |
| 冷却效果 | 差 | 好 |
| 密封装置 | 简单 | 复杂 |
| 泄漏 | 少 | 多 |
| 循环给油 | 不能 | 容易 |
| 灰尘进入 | 困难 | 容易 |
| 换油 | 比润滑油困难 | 容易 |

润滑脂主要性能和使用特点是：

①使用寿命长，在润滑部位不需要经常添加，可以减少润滑剂消耗并降低维护保养费用，对于不易换油、供油的设备更加有利。

②润滑设备简单，润滑脂有一定的结构强度，在润滑部位不易流失和飞溅，可以简化润滑系统设计。

③润滑脂有一定的黏附性，在摩擦表面有良好的保持能力，可以保护不经常使用的润滑部位，防止锈蚀。

④密封性好，在润滑部件上能起到密封作用，防止灰尘和水分的浸入。

⑤缓冲减振性好，可以减低噪声和振动。

⑥耐负荷性好，可以在高温、低速、冲击负荷等苛刻操作条件下工作。

⑦使用温度范围宽，大多数润滑脂工作范围比润滑油宽。

润滑脂也有其局限性，不足的方面主要有：①流动性差、散热不好、不易带走润滑部件在工作时产生的热量。②黏滞性强、启动力矩大。③不适用于高转速设备。④供脂、换脂不方便，很难调整供脂量，也不能从润滑表面清除杂质，不能带走设备磨损产生的磨屑。

通常认为需要选择润滑脂润滑的条件为：

①润滑部位没有贮存润滑剂的油箱或油盒，要求润滑剂必须保持在润滑部位上。

②要求润滑剂不仅要有润滑功能，还必须具有密封作用，防止机械杂质和水分进入润滑部位。

③所润滑的轴承*dn*值（轴承内径×转速）小于350000mm·r/min。只有根据润滑部位的工况，如温度、速度、负荷、环境影响等合理选择润滑脂，才能充分发挥其功能。

## 3 润滑脂是如何分类的?

润滑脂产品品种繁多，技术上可以按组分、性能等区分成不同的类型，而在实际应用中常根据应用场合进行分类。

润滑脂通常按稠化剂类型、用途和工作条件三种方式分类。

（1）按稠化剂类型分类

分皂基、非皂基（有机、无机）和烃基三种类型。

①皂基分单皂基、混合皂基和复合皂基三种，单皂基如锂基、钙基、铝基、钠基润滑脂等；混合皂基如锂基-钙基、钙基-钠基混合润滑脂；复合皂基如复合锂基、复合铝基、复合钙基、复合钛基、复合磺酸钙基润滑脂等。

②非皂基分有机和无机两种，有机的如聚脲基润滑脂等，无机的如二氧化硅润滑脂、膨润土润滑脂等；

③烃基润滑脂是由石蜡、地蜡稠化基础油制成的润滑脂。

（2）按使用性能和用途分类

①按用途分类　减摩润滑脂（通用、低温、高温、极压、专用）、防护润滑脂

（通用、专用、封存）、密封润滑脂（通用、专用）、分散润滑脂、阻尼润滑脂等。

②按行业分类　分为军工用、铁路用、汽车用、船舶用、矿山用润滑脂等。

③按应用设备、部位分类　分为阀门润滑脂、轴承润滑脂、减速机润滑脂等。

④按使用温度分类　分为高温润滑脂、低温润滑脂等。

⑤按所用基础油分类　分为矿物型润滑脂、合成型润滑脂。

⑥按承载性能分类　分为普通润滑脂、极压润滑脂等。

（3）按工作条件体系分类

我国GB 7631.8—1990《润滑剂、工业用油和相关产品（L类）的分类 第8部分：X组（润滑脂）》润滑脂分类规定，一种润滑脂只能用一组代号表示，这组代号能够反映出在应用过程中润滑脂遇到的最严酷的温度、水污染和载荷等条件。按照GB/T 34535—2017《润滑剂、工业用油和相关产品（L类）X组（润滑脂）》（修改采用ISO 12924:2010）规范中对每个字母代号的详细解读，润滑脂具体分类与标记如下：

一种润滑脂完整标记是用一组代码分别代表润滑脂组别、最低使用温度、最高使用温度、在水污染环境下的分水与防锈性能、极压润滑性能的大写字母（5个字母）和表示润滑脂稠度等级号的数字共同组成的。

一种润滑脂完整标记：ISO-L-X 字母代号1 字母代号2 字母代号3 字母代号4 稠度等级。

字母代号1～4所代表的具体含义和详细性能规定见表10.2。

表10.2　润滑脂品种代码组成

| 项目 | 润滑脂品种代码的组成 | | | | | |
|---|---|---|---|---|---|---|
| 字母或数字顺序 | 字母X代表润滑脂组别 | 代号1代表最低使用温度/℃ | 代号2代表最高使用温度/℃ | 代号3代表水污染和防锈性能 | 代号4代表极压性 | 数字代表润滑脂稠度等级号（按工作锥入度划分） |
| 字母或数字含义 | X：润滑脂组别 | A（L/F/P）：0 | A：60 | A：无水淋流失和无防锈要求 | A：无极压性 | 000：445～475 |
| | | B（L/F/P）：-20 | B：90 | B：无水淋流失要求、蒸气防锈 | B：极压性 $P_D \geqslant 2452N$ | 00：400～430 |
| | | C（L/F/P）：-30 | C：120 | C：无水淋流失要求、盐水防锈 | | 0：355～385 |
| | | D（L/F/P）：-40 | D：140 | D：低温水淋流失量<30%，无防锈要求 | | 1：310～340 |
| | | E（L/F/P）：<-40 | E：160 | E：低温水淋流失量<30%，蒸气防锈 | | 2：265～295 |

续表

| 项目 | 润滑脂品种代码的组成 | | | | | |
|---|---|---|---|---|---|---|
| 字母或数字顺序 | 字母X代表润滑脂组别 | 代号1代表最低使用温度／℃ | 代号2代表最高使用温度／℃ | 代号3代表水污染和防锈性能 | 代号4代表极压性 | 数字代表润滑脂稠度等级号（按工作锥入度划分） |
| 字母或数字含义 | X：润滑脂组别 | 注：后缀（L）表示用启动与运转力矩试验方法；（F）表示用流动压力试验方法；（P）表示用低温锥入度试验方法。 | F：180 | F：低温水淋流失量＜30%，盐水防锈 | | 3：220～250 |
| | | | G：＞180 | G：高温水淋流失量＜10%，无防锈要求 | | 4：175～205 |
| | | | | H：水淋流失量＜10%，蒸气防锈 | | 5：130～160 |
| | | | | I：水淋流失量＜10%，盐水防锈 | | 6：85～115 |

例如：一种润滑脂，低温性能采用SH/T 0338进行了-20℃下低温转矩试验，并且符合指标要求，因此选择代码B（L）；高温性能采用了120℃高温轴承寿命试验，并且符合指标要求，因此选择代码C；水污染和防锈性能采用SH/T 0109进行了抗水淋试验，水淋流失量＜10%，并有防腐蚀性要求，未注明试验介质时，只考虑为蒸馏水，因此选择代码H；没有极压性要求时，选择代码A；稠度等级因工作锥入度为265～295应为2。该润滑脂的分类代码为ISO-L-XB（L）CHA2。

## 4 润滑脂稠度是如何确定的？有何实际意义？

稠度表示润滑脂的软硬程度，并无明确的物理意义，一般用锥入度（0.1mm）表示，用锥入度计测定（GB/T 269，25℃时锥体组合件从锥入度计上释放，使锥体下落5s，测量其锥入深度）。锥入度值越大，表示润滑脂稠度越小、润滑脂越软；反之，锥入度越小，表示润滑脂稠度越大、润滑脂越硬。

润滑脂锥入度的测定一般分三种情况：

（1）不工作锥入度　润滑脂样品在不搅动的情况下，测定工作器脂杯中润滑脂的锥入度，表示润滑脂的稠度，可用于指导润滑脂生产和使用。

（2）工作锥入度　润滑脂样品在润滑脂工作器中，经60加次/min往复工作后测定的锥入度。表示润滑脂在经过不太苛刻的剪切后，锥入度的变化，能简单反映润滑脂的剪切安定性。工作锥入度与不工作锥入度差值大，则表明润滑脂的剪切安定性差。

（3）延长工作锥入度　润滑脂样品在润滑脂工作器中，按60加次/min往复工作$10^4$次或$10^5$次后测定的锥入度。延长工作锥入度更能反映润滑脂的剪切安定性。延长工作锥入度与工作锥入度或不工作锥入度差值越小，则表明润滑脂的剪切安定性越好。

润滑脂稠度对实际使用具有很大的影响，按照美国国家润滑脂协会（NLGI）规定，润滑脂稠度按锥入度高低可分为000、00、0、1、2、3、4、5、6等牌号，润滑脂稠度牌号与锥入度值及适应场合见表10.3。

表10.3　润滑脂稠度牌号与锥入度值及适应场合

| NIGL牌号 | 锥入度（25℃） | 适用场合 |
|---|---|---|
| 000 | 445 ~ 475 | 开式齿轮、齿轮箱和减速箱的润滑 |
| 00 | 400 ~ 430 | |
| 0 | 355 ~ 385 | 开式齿轮、齿轮箱或集中润滑系统润滑 |
| 1 | 310 ~ 340 | 较高转速的针形轴承和滚子轴承润滑及集中润滑系统 |
| 2 | 265 ~ 295 | 中速、中负荷的抗磨轴承，汽车轮毂轴承 |
| 3 | 220 ~ 250 | |
| 4 | 175 ~ 205 | 水泵，低速、高负荷轴承和轴颈润滑 |
| 5 | 130 ~ 160 | 如球磨机轴颈等特殊条件下的润滑 |
| 6 | 85 ~ 115 | |

## 5 润滑脂的规格标准有哪些?

润滑脂类国家与行业标准主要有：

GB/T 491—2008《钙基润滑脂》;

GB/T 492—1989《钠基润滑脂》;

GB/T 5671—2014《汽车通用锂基润滑脂》;

GB/T 7323—2019《极压锂基润滑脂》;

GB/T 7324—2010《通用锂基润滑脂》;

NB/SH/T 0587—2016《二硫化钼锂基润滑脂》;

NB/SH/T 0535—2019《极压复合锂基润滑脂》;

NB/SH/T 0948—2017《轧辊轴承润滑脂》;

NB/SH/T 0985—2019《工程机械用润滑脂》;

GB 15179—1994《食品机械润滑脂》;

GB/T 33585—2017《复合磺酸钙基润滑脂》;

GB/T 33540.1—2017《风力发电机组专用润滑剂　第1部分：轴承润滑脂》;

GB/T 33540.2—2017《风力发电机组专用润滑剂　第2部分：开式齿轮润滑脂》;

GB/T 23512—2015《石油天然气工业　套管、油管和管线 管用螺纹脂的评价与试验》。

## 6 工业润滑脂主要品种及性能特点有哪些?

(1)钙基润滑脂

钙基润滑脂是钙皂稠化剂稠化基础油制成的润滑脂，是最早出现的润滑脂产品，历史悠久。随着各行各业对润滑脂要求越来越高，新型润滑脂优良的特性逐步取代了钙基润滑脂的主导地位，其产量所占比例已降到10%以下。质量标准有GB/T 491—2008《钙基润滑脂》、SH/T 0370—1995《复合钙基润滑脂》、GB 15179—1994《食品机械润滑脂》。

钙基润滑脂的优点是：①优良的抗水性，遇水不易乳化变质，适用于潮湿环境或遇水接触的各机械部位的润滑。②良好的剪切安定性。③良好的流动性，泵送性好，钙基润滑脂纤维较短，具有低的强度极限。④良好的润滑性能和防护性能。

普通钙基润滑脂因含有一定量的结构水，滴点较低(75~100℃)，当使用温度到100℃时，所含的结构水蒸发，导致钙基润滑脂的结构被破坏失去润滑作用，产品质量不稳定，寿命较短。普通钙基润滑脂因原料易得、工艺生产设备简单，成本低，适用于工农业一般温度、一般负荷和一般转速运转设备的摩擦部位。

无水钙基润滑脂不含水，具有良好的氧化安定性、耐水性、胶体安定性、低温流动性、防锈性和机械安定性。食品机械润滑脂(GB 15179—1994)就是采用脂肪酸钙皂稠化食品级白油并加有添加剂制得的无臭、无味的白色润滑脂，因不含重金属、不含多环芳烃而无毒、无致癌作用。食品机械润滑脂滴点约140℃，最高使用温度短期可达120℃。具有良好的抗水性、防锈性和润滑性。

复合钙基润滑脂是由乙酸钙复合的脂肪酸钙皂稠化矿物油并加有抗氧剂制得，具有优良的耐热性、抗水性和极压性，是经济性好的一种高温润滑脂。可用于纸浆造纸设备轧辊轴承的润滑。

(2)锂基润滑脂

锂基润滑脂是由脂肪酸(12-羟基硬脂酸、硬脂酸、氢化蓖麻油)锂皂稠化矿物或合成基础油制成。有高温、低温和宽温范围的通用型、极压抗磨型和防锈型润滑脂产品，广泛用于建筑、冶金、化工、纺织、造纸、食品、汽车、铁路、舰船、航空、国防等各部门的机械和设备。锂基润滑脂是目前产量最大、应用领域最广泛和最有发展前景的润滑脂品种之一，占润滑脂总产量的70%以上。代表性产品标准有GB/T 7323—2019《极压锂基润滑脂》、GB/T 7324—2010《通用锂基润滑脂》、NB/SH/T 0535—2019《极压复合锂基润滑脂》、NB/SH/T 0587—2016《二硫化钼锂基润滑脂》等。

锂基润滑脂的优点是：①较高的滴点，一般都高于170℃。锂基润滑脂特别是

12-羟基硬脂酸稠化的润滑脂只有两个相变温度，第一相变温度（从伪凝胶态到凝胶态）一般在170℃左右，第二相变温度（从凝胶态到溶胶态）在200℃左右，可以长期在120℃使用或短期在150℃使用。②良好的机械安定性和胶体安定性。③良好的抗水性，锂在水中溶解度较小，润滑脂抗水性好，可以使用在有水和潮湿的机械部位。④与多数添加剂配伍性好，可以通过加入添加剂，改善润滑脂的氧化安定性，提高极压抗磨和防腐防锈性能，满足多种使用工况要求。⑤稠化剂用量少，锂皂的稠化能力较强，与钙基脂相比稠化剂量降低约1/3，而使用寿命却延长了一倍多，经济性很明显。

复合锂基润滑脂是采用二元酸或（和）其他中低分子酸的锂盐同硬脂酸或12-羟基硬脂酸锂皂，在一定条件下稠化不同类型基础油而形成的一种高滴点润滑脂。复合锂基润滑脂具有突出的高温性能和优良的机械安定性、胶体安定性、氧化安定性和抗水性。广泛应用于工业、汽车、轴承行业。

（3）铝基润滑脂

铝基润滑脂是由脂肪酸铝皂稠化剂稠化基础油制成，并添加一种或多种添加剂以改善润滑脂的使用性能。铝基润滑脂具有良好的抗水性能和黏附性能，适用于水上航运设备润滑及金属表面的防护。代表性产品标准有SH/T 0371—1992《铝基润滑脂》、SH/T 0378—1992《复合铝基润滑脂》、SH/T 0534—1993《极压复合铝基润滑脂》。

铝基润滑脂的特点是：①不含水、也不溶于水，抗水性能较好，可用于与水接触的部位。②在70℃以上开始软化，因此只能在较低温度下（50℃左右）使用。③具有良好的触变性，较少的铝皂量可制成半流体润滑脂，适用于集中润滑系统。

复合铝基润滑脂是高滴点润滑脂，生产复合铝基润滑脂的主要原料包括异丙醇铝三聚体、硬脂酸、苯甲酸、基础油和添加剂，经过皂化、复合、升温炼制、稠化、冷却、均化等工序制成。具有较好的润滑性和优良的胶体安定性、机械安定性、化学安定性和抗水性，因其结构中有细小的皂纤维，具有较强的稠化能力，良好的可逆性，抗氧化性和泵送性也优于其他脂，性价比较好，适用于冶金行业连轧机、连铸机、出钢辊道以及印染、大型电机等高温设备的摩擦部位的润滑。

（4）复合磺酸钙基润滑脂

复合磺酸钙基润滑脂是由复合磺酸钙皂稠化矿物或合成油基础油并加入添加剂所制得，是集耐高温、高极压、抗水性能于一身的高品质多效润滑脂，适用于高温、多水、重负荷机械设备的滚动轴承和滑动轴承及其他摩擦部位如钢铁行业连铸连轧机、冷轧轧辊轴承、矿山机械、大型电机、热油泵等设备摩擦部位的润滑。产品标准为GB/T 33585—2017《复合磺酸钙基润滑脂》。

复合磺酸钙基脂的稠化体系，主要由非牛顿体的高碱值磺酸钙和复合钙皂两部分组成，它们既有物理混合，又有化学缔合，是一种较复杂的稠化体系。主稠化剂是非牛顿体的高碱值烷基苯磺酸钙，构成润滑脂的主体骨架，复合钙皂主要包括硼酸钙和12-羟基硬脂酸钙皂，硼酸钙的加入提高了脂的高温性能，同时对极压抗磨性有增益作用，12-羟基硬脂酸钙皂可有效改进脂的低温泵送性。正是依靠碳酸钙的立方堆积结构、复合钙皂的纤维结构以及醋酸钙和磺酸钙的氢键缔合结构将基础油稠化为润滑脂，它的特点是：①优良的高温性能，滴点可达300℃，且在此温度时润滑脂不会变成液体，不软化，冷却后恢复至原有结构，具备良好的热可逆性，稠度随温度变化很小。②优异的极压抗磨性，即使不加任何添加剂，复合磺酸钙基润滑脂仍然具有十分良好的极压抗磨性能。③优良的抗水性，高碱值磺酸钙的密度大于1000kg/m$^3$，选择适当的基础油可使复合磺酸钙基脂密度比水大，使润滑脂不因水分子浸入而脱离润滑点。④良好的剪切安定性，特殊的稠化体系结构和含有相对较多的稠化剂，使复合磺酸钙基脂拥有非常好的剪切安定性。⑤优异的防锈性，磺酸钙本身就是一种防锈剂，含有磺酸钙稠化剂的复合磺酸钙基脂就具有优异的防锈性能和防腐性能，这是其他复合润滑脂无法比拟的。⑥优良的低温性能，良好的低温性能来自体系中含有大量的球形碳酸钙。在低温下，这种颗粒阻止了基础油凝结的趋势，并凭借其自身晶体间的滚动和晶层间的滑移，降低了低温启动阻力，可满足大多数低温流动和转矩的要求。

（5）复合钛基润滑脂

复合钛基润滑脂的稠化剂是有机金属化合物，目前广泛应用的是$C_3$~$C_6$的烷氧基钛，以钛酸异丙酯（异丙氧基钛）为主，脂肪酸主要是硬脂酸、羟基硬脂酸和油酸等。复合钛基润滑脂基础脂（不含任何添加剂）也具有优越的使用性能，而且对添加剂具有良好的感受性，与其他润滑脂具有良好的相容性，毒性和安全性研究表明，复合钛基润滑脂对生产者和使用者安全，以植物油作为基础油的复合钛基润滑脂还具有良好的生物可降解性。

复合钛基润滑脂的特性有：①优良的剪切安定性，剪切安定性与复合锂基润滑脂和复合铝基润滑脂相当，还具有良好的剪切可逆性，即它受剪切后其锥入度即经过剪切，其稠度变化很大，但随着静置时间的延长会很快恢复到原来的稠度，这种特性是其他润滑脂无法比拟的。②良好的高温性能，具有很高的滴点，在高温下不易软化流失，不易被氧化变质，高温下胶体安定性好，优于复合锂基和铝基润滑脂。③良好的抗水性，抗水性与复合锂基、铝基润滑脂相当。④良好的生物降解性，这一点也是其他润滑脂所无法比拟的。

复合钛基润滑脂国外已广泛应用于钢铁、水泥、汽车等苛刻条件下的设备润滑和防护，国内仅少数企业在进行研究和小批量生产。

（6）聚脲基润滑脂

聚脲基润滑脂是由分子中含有脲基的有机化合物、稠化矿物油或合成油所制备的润滑脂。聚脲稠化剂不同于金属皂基稠化剂，不含金属离子，从而避免了对润滑脂基础油的催化氧化作用，因此具有良好的氧化安定性和热稳定性。质量标准为SH/T 0789—2007《极压聚脲润滑脂》。

聚脲基润滑脂性能特点是：①良好的热稳定性和氧化安定性，高温热稳定性和抗氧化安定性比其他类型脂都好，不加抗氧剂可长期使用。②良好的低温性能，低温性能与复合钙、复合锂等润滑脂低温性能相当。③良好的抗腐蚀性和抗水性。④良好的相容性，与橡胶和塑料均具有较好的相容性，同时与其他稠化剂制成的脂均具有较好的相容性。⑤长的使用寿命，高温下的使用寿命是其他脂的几倍。⑥良好的胶体安定性、润滑性及泵送性。聚脲基润滑脂的良好性能能够满足高温和水淋条件下工作设备的润滑要求，并具有较长的使用寿命，聚脲基润滑脂能够耐受一定的辐射，因而广泛应用到钢铁、化工、汽车等领域。

（7）烃基润滑脂

烃基润滑脂是由固体烃稠化润滑油或以石油脂为基础制成的油脂产品。烃基润滑脂属非皂基润滑脂，具有优良的化学安定性和胶体安定性，亲油憎水能力强，几乎不溶于水，也不乳化，可有效阻止水和空气透过脂层浸入物体，添加不同的添加剂后可进一步提高润滑、防锈、耐压、抗磨等性能，但烃基润滑脂滴点较低。国内外烃基润滑脂多为钢丝绳防护脂、工业凡士林等。代表性产品标准有NB/SH/T 0387—2014《钢丝绳用润滑脂》。

## 7 通用锂、极压锂、二硫化钼锂基润滑脂质量性能有何区别？

（1）通用锂基润滑脂　由脂肪酸锂皂稠化润滑油并加入抗氧、防锈添加剂制得，具有优良的氧化安定性、抗水性和清洁性，属于多用途、较长寿命、宽温度范围使用的润滑脂，适用于工作温度在-20～120℃范围内的各种机械设备的滚动轴承和滑动轴承及其他摩擦部位的润滑。汽车通用锂基脂对剪切安定性和低温转矩性能要求更苛刻，适用工作温度更宽（-30～120℃）。

（2）极压锂基润滑脂　由脂肪酸锂皂稠化润滑油并加入抗氧、极压添加剂制得，具有优良的氧化安定性、极压抗磨性及低温性能，较好清洁性，综合性能较全面，适用于工作温度在-20～120℃范围内的高负荷机械设备轴承及齿轮的润滑，也可用于集中润滑系统用润滑脂。

（3）极压复合锂基润滑脂　由复合锂皂稠化润滑油并加入极压、抗氧、防锈等添加剂制得，具有优良的极压抗磨性、氧化安定性、机械安定性和抗水性，滴点高，高温轴承耐久性能好，与其他润滑脂比有更长的使用寿命和更高的使用温度，为新一代多效润滑脂，适用于工作温度在-20～160℃范围内的高负荷机械设备轴承及齿轮的润滑。

（4）二硫化钼锂基润滑脂　由脂肪酸锂皂稠化矿物基础油并加入二硫化钼等添加剂制得，具有优良的极压抗磨性，适用于工作温度在-20～120℃范围内的轧钢机械、矿山机械、重型起重机等重负荷机械设备滚动和滑动摩擦部位的润滑。

各种锂基润滑脂性能对比见表10.4。

表10.4　各种锂基润滑脂性能对比

| 项　目 | 质量指标 | | | | 试验方法 |
|---|---|---|---|---|---|
| | 通用锂基润滑脂2号 | 极压锂基润滑脂2号 | 极压复合锂基润滑脂2号 | 二硫化钼锂基润滑脂2号 | |
| | GB/T 7324—2010 | GB/T 7323—2019 | NB/SH/T 0535—2019 | NB/SH/T 0587—2016 | |
| 工作锥入度/0.1mm | 265~295 | 265~295 | 265~295 | 265~295 | GB/T 269 |
| 滴点/℃　不低于 | 175 | 180 | 260 | 175 | GB/T 4929［GB/T3498（极压复合锂基脂2号）］ |
| 腐蚀（T2铜片，100℃，24h） | 铜片无绿色或黑色变化 | 铜片无绿色或黑色变化 | 铜片无绿色或黑色变化 | 铜片无绿色或黑色变化 | GB/T 7326 |
| 钢网分油/%　不大于 | 5 | 5 | 5 | 5 | NB/SH/T 0324 |
| 蒸发量（99℃，22h）/%　不大于 | 2.0 | 2.0 | | 2.0 | GB/T 7325 |
| 蒸发度（180℃，1h）/%　不大于 | | | 5 | | SH/T 0337 |
| 漏失量（104℃，6h）/g | | | 2.5 | | SH/T 0326 |
| 延长工作锥入度/0.1mm　10万次，不大于<br>延长工作锥入度变化率/%　10万次，不大于 | 350<br>— | 350<br>— | —<br>20 | 360<br>— | GB/T 269 |
| 水淋流失量（38℃，1h）/%　不大于 | 8 | 10 | 5 | 10 | SH/T 0109 |

续表

| 项 目 | 质量指标 | | | | 试验方法 |
| --- | --- | --- | --- | --- | --- |
| | 通用锂基润滑脂2号 | 极压锂基润滑脂2号 | 极压复合锂基脂2号 | 二硫化钼锂基脂2号 | |
| | GB/T 7324-2010 | GB/T 7323-2019 | NB/SH/T 0535-2019 | NB/SH/T 0587-2016 | |
| 防腐蚀性（52℃，48h） | 合格 | 合格 | | 合格 | GB/T 5018 |
| 相似黏度（-10℃，$10s^{-1}$）/Pa·s 不大于 | 1000（-15℃） | 500 | 800 | 500 | SH/T 0048 |
| 极压性（梯姆肯法）OK值/N 不小于 | — | 156 | 156 | 177（极压型） | NB/SH/T 0203 |
| 极压性能（四球机法）.<br>$P_B$/N 不小于<br>$P_D$/N 不小于<br>ZMZ 不小于 | | <br>588<br>—<br>— | <br>—<br>3089<br>441 | | SH/T 0202 |
| 极压性能（四球机法），不大于（1200r/min，40kgf，75℃，1h）/mm | — | — | 0.6 | | SH/T 0204 |
| 杂质/（个/$cm^3$），不大于，<br>25μm以上<br>75μm以上<br>125μm以上 | <br>1000<br>200<br>0 | <br>3000<br>500<br>0 | | | SH/T 0336 |
| 氧化安定性（99℃，100 h，758kPa）压力降 / kPa 不大于 | 70 | 70 | 70 | | SH/T 0325 |
| 低温转矩（-20℃）/（mN·m）<br>启动 不大于<br>运转 不大于 | | <br>1000<br>100 | | | SH/T 0338 |
| 钼含量（质量分数）/% 不小于 | | | | 1.5（极压）<br>0.5（普通） | NB/SH/T 0864 |
| 轴承寿命（149℃）/h 不小于 | | | 400 | | SH/T 0428 |

## 8 复合皂基润滑脂特点和应用有哪些?

复合皂基润滑脂的稠化剂是两种或多种化合物共同结晶形成，这些化合物中包括普通皂（如硬脂酸或12-羟基硬脂酸的金属皂）和复合剂（如短链的有机酸的金属盐或无机盐），复合的结果导致了润滑脂性能的改变，主要表现在滴点的提高和更好的高温结构稳定性。性能较为优良的复合皂基润滑脂有复合钙基、复合铝基、复合锂基、复合钛基、复合磺酸钙基润滑脂，不同复合皂基润滑脂性能对比见表10.5。

随着工业的发展，对润滑脂的性能提出了更为苛刻的要求，润滑脂产品向着高滴点、长寿命和环保性方向发展。其中，复合钛基润滑脂和复合磺酸钙基润滑脂是未来最有发展和应用前景的润滑脂。

表10.5　复合皂基润滑脂性能对比

| 项目 | 复合钙基润滑脂 | 复合铝基润滑脂 | 复合锂基润滑脂 | 复合磺酸钙基润滑脂 |
|---|---|---|---|---|
| 滴点 | 高 | 中至高 | 高 | 中 |
| 剪切安定性 | 中 | 优 | 良好 | 优 |
| 贮存安定性 | 稍有变硬趋势 | 中 | 良好 | 中 |
| 抗水性 | 良好 | 良好 | 中 | 优 |
| 纤维结构 | 正常 | 细小 | 正常 | 细小 |
| 皂含量/% | 15～25 | 30～45 | 8～20 | 30～60 |
| 黏附性 | 良好 | 良好 | 良好 | 优 |
| 高温可逆性 | 中至优 | 良好 | 中 | 优 |
| 泵送性 | 差 | 优 | 良好 | 正常 |
| 高压分油 | 正常 | 正常 | 低 | 低 |
| 制造难易程度 | 较难 | 较难 | 较难 | 难 |

## 9 半流体润滑脂特点和应用有哪些?

半流体润滑脂是指锥入度大于355的润滑脂，相当于000、00、0号稠度等级。它保持着润滑脂固有的特性，也属非牛顿流体。

半流体润滑脂与液体润滑油相比有其特殊的优点，若用于齿轮箱减速器润滑可减少或防止泄漏、简化设备，节省密封费用、降低油脂消耗以及防止腐蚀和降低噪声等。半流体润滑脂代替润滑油用于减速器齿轮箱的润滑已取得良好的效果，被广泛地应用于钢铁设备的润滑。

## 10 工程机械润滑脂特点有哪些?

工程机械的工作条件十分恶劣，受力复杂多变，致使工件磨损严重，尤其是各铰销、销套、销套座孔等使用润滑脂润滑的部位，摩擦损伤往往更为严重，为确保工程机械的正常润滑，减少使用故障，进一步延长其使用寿命，降低维修费用，提高工作效率，解决我国工程机械用润滑脂的性能、选择和使用方面的问题，国家能源局参照日本建设机械施工协会（JCMA）JCMAS P 040：2004《通用建设机械用润滑脂》标准制定了我国NB/SH/T 0985—2019《工程机械用润滑脂》行业标准，分为1号、2号和3号三个品种。

《工程机械用润滑脂》主要用于挖掘机、装载机等工程机械设备的工作臂轴销、回转支承等部位，润滑脂除具有良好的承载能力外，考虑到工程机械室外作业、泥水或粉尘污染严重等特点，还具有良好的抗水性、防锈性、密封性、橡胶相容性等性能，起到润滑、密封、防护等重要作用。

现用于工程机械润滑的主要品种有各种锂基润滑脂、二硫化钼锂基润滑脂、极压锂基润滑脂、钙基润滑脂等。

## 11 润滑脂高温使用性能由哪些指标来确定?

润滑脂的高温性能是润滑脂应用于高温时保持其结构和性能的稳定性以及长的使用寿命。润滑脂在受热时，性质可能发生变化，如从不流动状态转变成流动状态，稠度发生变化，出现蒸发、分油和氧化等，这些都会影响到润滑脂在高温下的使用性能。润滑脂高温性能的影响因素有滴点、蒸发损失等。

①滴点是润滑脂标准中重要的质量指标之一，也是与润滑脂最高使用温度有密切联系的指标，一般润滑脂的最高使用温度应比滴点温度低15℃以上。润滑脂的滴点与稠化剂的组成有很大关系，一般钙基脂的滴点为75~95℃，锂基脂的滴点为大于170℃，复合锂基脂为大于260℃。因此，测定润滑脂的滴点，有助于鉴别润滑脂的类型和大致判断润滑脂的最高使用温度。

②润滑脂的蒸发损失是指润滑脂在高温（或真空）条件下或长期使用时基础油的蒸发损失程度，主要取决于基础油的种类、馏分组成和相对分子质量。润滑脂的蒸发损失越小，表明润滑脂的高温性能越好；如果润滑脂的蒸发损失过大，会使润滑脂的稠度增大、摩擦增加、使用寿命缩短和防护性能变差等。

## 12 如何选用润滑脂?

润滑脂品种和牌号多、使用范围广，性能相差也很大，不同的机械摩擦部位对润滑脂的要求各不相同。针对不同机械设备、不同工况选择需考虑从工作温度、负荷、速度、环境和接触介质、加注方式、经济性等几个方面选用合适的润滑脂。

（1）按润滑部位工作温度选择

机械摩擦部位的工作温度是选择润滑脂的重要依据，并对润滑脂的润滑作用和使用寿命有很大的影响。温度升高，润滑脂蒸发损失、氧化变质和胶体萎缩分油影响很大，一般轴承温度每升高10~15℃，润滑脂的使用寿命约降低1/2。

润滑脂的耐温性，即最高使用温度，不仅看其滴点高低，且应考虑其基础油类型、抗氧化性能及蒸发损失，高温部位的润滑，应选滴点高、抗氧化性好、蒸发损失小的润滑脂。

工作温度低的润滑部位，应选低温相似黏度小、低温转矩也小的润滑脂，一般来说，这类脂的基础油倾点较低，低温黏度较小。

常用润滑脂的使用温度参考范围见表10.6。

表10.6 常用润滑脂的使用温度参考范围

| 润滑脂种类 | | 使用温度范围/℃ |
|---|---|---|
| 名称 | 基础油类别 | |
| 钙基脂 | 矿物油 | −20 ~ 70 |
| 钠基脂 | 矿物油 | −20 ~ 100 |
| 锂基脂 | 矿物油 | −30 ~ 120 |
| | 酯类油 | −60 ~ 130 |
| | 聚α烯烃 | −50 ~ 130 |
| | 硅油 | −60 ~ 160 |
| 复合锂基脂 | 矿物油 | −30 ~ 150 |
| | 聚α−烯烃 | −50 ~ 180 |
| | 硅油 | −60 ~ 180 |
| 复合铝基脂 | 矿物油 | −30 ~ 140 |
| 复合钙基脂 | 矿物油 | −30 ~ 150 |
| 聚脲基脂 | 矿物油 | −20 ~ 160 |
| | 酯类油、聚α−烯烃 | −40 ~ 180 |
| | 聚苯醚 | −5 ~ 200 |
| 复合磺酸钙基脂 | 矿物油 | −30 ~ 180 |
| 膨润土润滑脂 | 矿物油 | −20 ~ 160 |
| 硅胶润滑脂 | 硅油 | −40 ~ 200 |

（2）根据润滑部位的负荷选用

负荷通常是指工作轴承上单位面积承受的压力，用MPa表示。超过5000 MPa时，称为重负荷，在3000 ~ 5000 MPa称为中负荷，3000 MPa以下的为轻负荷。

重型机械设备的齿轮、轴承、蜗轮蜗杆等都承受较大的负荷，必须考虑加有极压抗磨剂的润滑脂，经常承受振动、冲击负荷的部位，还应考虑选用加有二硫化钼、石墨或其他固体润滑剂的基础油黏度大、稠化剂含量高即稠度较大、极压性高的润滑脂。

中、低负荷的设备，一般选用稠度中等（常用2号）的润滑脂。

（3）根据润滑部位的速度选用

润滑脂属于流变体系，其相似黏度随着温度和剪切速度变化而变化，因此，润滑脂对部件的运转速度特别敏感。运动速度越大，润滑脂所受到剪切力就越大，相似黏度下降越明显，稠化剂结构受到的破坏作用越大，使用寿命就会缩短。

润滑脂所能适应的转速是有限的，这种限制通常用$dn$值表示，$dn$等于转速与轴承内径的乘积。一般而言，当$dn$值$<300000$时，采用润滑脂；$dn$值$>300000$时，一般不宜采用润滑脂润滑，而采用润滑油润滑。

在相同温度、负荷下，高转速时，则要求选用稠度小即锥入度大的润滑脂。反之，转速较低时则需要选用较高黏度基础油和稠度较大的润滑脂，以保证润滑脂有足够的黏附性。

（4）根据环境和接触介质选用

润滑脂所处的工作环境和周围介质如空气湿度、尘埃和是否有腐蚀性介质等，对润滑脂的性能影响极大。潮湿易与水接触的部位，应考虑选用抗水性更好的润滑脂（见表10.7）。

**表10.7　环境和接触介质与润滑脂类型的关系**

| 环境与接触介质 | 润滑脂类型 |
|---|---|
| 潮湿或水 | 钙基、锂-钙基、复合锂基和聚脲基润滑脂 |
| 易接触大量水部位 | 复合铝基、聚脲基、复合磺酸钙基润滑脂 |
| 酸和酸性气体 | 选用聚脲脂、全氟润滑脂，不宜选取锂基、复合钙、复合铝和膨润土润滑脂 |
| 海水或食盐水 | 复合铝基、复合锂基润滑脂 |
| 天然橡胶或油漆 | 烃基润滑脂，避免酯类基础油的润滑脂 |
| 大量尘埃和沙土 | 稠度大黏附性好密封性好的专用脂 |
| 燃料油和矿物油类 | 膨润土稠化硅油等合成脂、特种耐油密封润滑脂 |

（5）根据润滑脂加注方式选择

根据不同的加注方式来确定润滑脂的稠度。润滑脂的加注方法一般有人工加注和泵集中加注两种方法。涂抹或填充、脂枪充注、脂杯加注等属于人工加注。人工加注时，通常选用1～3号稠度的润滑脂，加注比较方便，脂使用寿命也较长。

对于工业集中润滑系统，用泵集中加注时，着重考虑脂在使用环境最低温度时的泵送性能。一般选用00号、0号或1号稠度较小的润滑脂；对于在较低气温下的集中润滑系统，还应选用倾点低、低温黏度小的基础油；在极端低温条件下的集中润滑用脂，应采用合成油或半合成油润滑脂。

（6）根据经济性选择

从经济方面考虑选择合适的润滑脂，是每一个润滑脂的使用者十分关心的事情。但选用润滑脂不能只关心价格，首先要关心润滑脂的性能，从经济方面选择润滑脂应综合考察某种润滑脂使用后是否延长了润滑周期、减少了加注次数和消耗量等。

轧机传统上使用钙基润滑脂，虽然价格便宜，但性能差，每月检修一次，每次检修需16h，更换全部润滑脂。选用2号复合锂基脂，单从价格上看是钙基脂的3倍，但性能优良，检修期延长到四个月，每次检修仅用12h，只需稍做补加。更为重要的是，采用钙基脂润滑时，每年需换丝杆和蜗轮一次，采用2号复合锂基脂润滑后，每两年更换一次。润滑脂的消耗量，仅为钙基脂的1/5，加上检修时间缩短带来的效益，则其经济效益非常可观。总之，只有综合考虑，才能选择出较为合适的润滑脂。

## 13 润滑脂变质的原因及报废指标有哪些？

润滑脂在使用过程中，受到环境温度、剪切速度和承载负荷的影响，必然会有所损耗或劣化。

润滑脂在工作中受到外部环境（空气、水、粉尘或有害物质）的影响会发生化学变化。即在光、热、氧的作用下，组分可能发生氧化变质，生成酸性物质腐蚀润滑部件，又会降低润滑脂的滴点，甚至改变润滑脂的结构，从而使润滑脂失去润滑、防护作用。

润滑脂受工作部件相对运动时产生机械力（剪切力、冲击力）的作用会发生物理变化。在机械作用和环境条件影响下，基础油蒸发，引起结构变差，稠度下降，润滑效果下降，甚至因润滑部位密封不好，进入杂质和水分，从而引起润滑脂变质。

目前为止，国内外关于润滑脂报废还没有明确的正式标准。一般来说，当润滑脂的锥入度变化达到±20%，滴点降至低于标准指标15℃，酸值大于0.3mgKOH/g，或者润滑脂内混入了杂质，都应进行更换。

通过结合实际使用经验和对润滑脂使用前后的性能指标分析对比来确定是否报废旧润滑脂及更换新润滑脂（见表10.8）。

表10.8 润滑脂报废参考指标

| 项目 | 润滑脂报废参考指标 |
| --- | --- |
| 滴点 | 钙基润滑脂降至50℃<br>复合钙基润滑脂降至180℃<br>钠基润滑脂降至120℃<br>锂基润滑脂降至140℃<br>复合锂基润滑脂降至200℃ |
| 稠度 | 润滑脂锥入度变化达±20%以上 |
| 分油 | 润滑脂使用后与使用前含油量之比小于0.7 |
| 灰分 | 使用前后，灰分变化率大于50% |
| 腐蚀 | 不能通过铜片腐蚀试验 |
| 氧化 | 酸值大于0.3mgKOH/g |
| 乳化 | 乳化变软流失 |
| 机械杂质 | 混入杂质大于125μm |